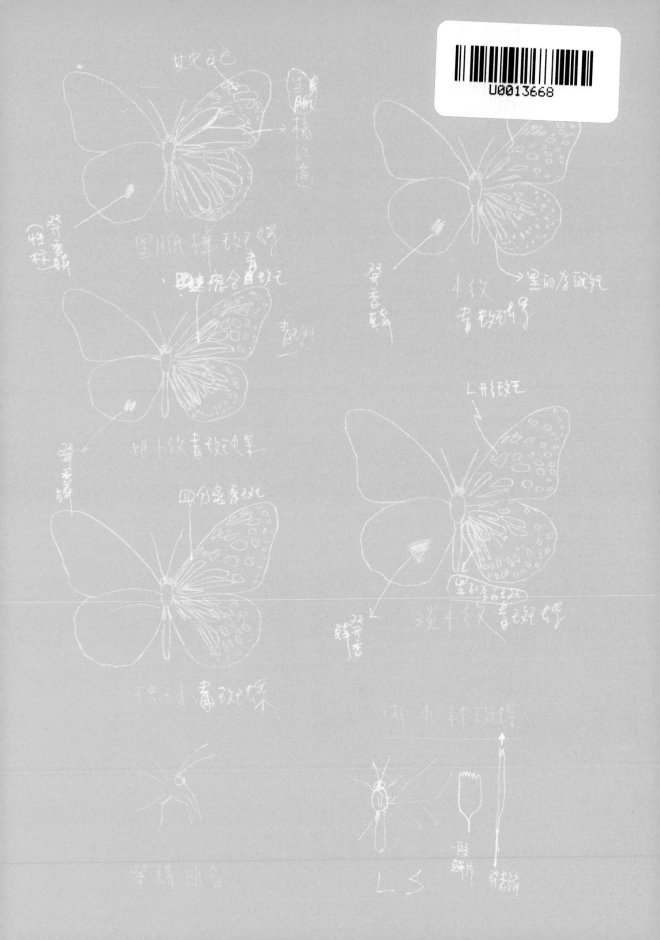

封面照片：淡青雀斑小灰蝶求偶瞬間

拍攝地點：宜蘭／思源埡口

攝　　影：詹家龍

追蝶人

詹家龍與臺灣最美 86 隻蝴蝶的故事

詹家龍——著

suncolor
三采文化

在陽光照射下
雙翼呈現不同深淺的紫色
有如梵谷筆下星月夜般的寶藍色
垂降而下紫藤花的紫紅與淡紫色
但又淡淡的一抹湖水藍
紫光舞者們正為你翩翩起舞……

一生一次的相遇 01／端紫斑蝶

| 自序 |

不只讓世界看見臺灣，
更要讓臺灣看見自己

小時候在我三重老家後面有一塊長滿了雜草的空地（草埔仔），每天放學回家或是假日，我就會跟著鄰居一起到草埔仔尋寶。記得當時在空地上有一棵大樹，每年春天我總能在樹上找到紫斑蝶的卵及幼蟲。之後離開老家到外地求學，草埔仔也漸漸從我記憶中被抹去，伴隨著臺灣經濟發展及國民生活水平不斷提升，那些草埔仔一個個被怪手夷平，蓋起一棟又一棟的大樓，童年的大樹也一棵接著一棵消失。有一天，我心血來潮騎著摩托車想去看看老家後面的草埔仔，穿過巷子後映入眼簾的卻是一棟棟的高樓大廈。我這才驚覺：紫斑蝶消失了……

1971年冬天，啟蒙我蝴蝶知識的陳維壽老師，首度揭露紫斑蝶群聚越冬的特殊生態現象，並將其命名為「紫蝶幽谷」公布在日本的昆蟲期刊上。2003年，大英博物館出版的《蝴蝶（Butterflies）》一書，則第一次把臺灣紫蝶幽谷和墨西哥帝王蝶谷，並列為世界兩大越冬蝶谷加以介紹。如今墨西哥帝王斑蝶谷已被聯合國教科文組織列入《世界遺產名錄》中受到保護，臺灣紫蝶幽谷卻面臨著可能消失的危機。

紫斑蝶群飛

舉世聞名的英國BBC自然紀錄片主持人大衛・艾登堡爵士（David Attenborough），為了一窺這個仍不被世人熟知的蝴蝶生態奇景，2004年曾派遣攝影團隊來臺進行拍攝工作。不過外國人只能來臺灣幾天，拍攝完就回去。我覺得這個世界級景觀，應該由臺灣人自己來拍。人們常說要讓世界看見臺灣，但其實如何讓臺灣人看見自己的世界，或許更重要。

很多政府及民間單位、企業是我研究紫斑蝶的關鍵支持者，2015年我決定拍攝紫斑蝶，向文化部送案申請補助，希望透過影片來講蝴蝶的故事。由於蝴蝶飛行速度很快，如果用一般攝影機拍攝，只會拍到一堆模糊的影像。所以我們買了RED電影機，用最高規格4K每秒120格進行拍攝（一般電視或電影裡的蝴蝶，肉眼看起來正常飛行的樣子，其實是120格拍出來的慢動作），但我們很快發現蝴蝶還是飛得太快了。於是我們去租了一台每秒可拍4K1000格的超高速攝影機來拍攝，因為對蝴蝶來說4K120格的世界是正常的世界，4K1000格才是慢動作。後來為因應紀錄片長期使用的需求，我們最後才決定以三百多萬元將其買下來。就這樣，我們拍出了世界首部全片4K120格以上的作品。

解決了把蝴蝶飛行速度變慢，另一個難題是：如何把人類察覺不出來的蝶蛹變化或是花開等長時間生物現象快轉。我們採用縮時攝影，讓這些短則十幾天長至數個月的生物現象，在短時間內呈現出來。都是拜科技、數位化所賜，我們才有機會拍這部紀錄片，若還停留在底片時代，不僅難度極高，經費應該也要數千萬元。

墨西哥帝王蝶谷

為了拍到壯觀的蝴蝶群舞畫面，直覺的想法是搖樹嚇蝴蝶。但其實這樣做，你只是拍到蝴蝶的逃難畫面，觀眾看了只會覺得很煩躁。紫斑蝶群舞最美的畫面是：所有蝴蝶整齊劃一朝同一個方向飛去。要拍到這樣的畫面你需要的是時間和耐心，站著不動靜靜等待蝴蝶起飛的瞬間。蝴蝶飛行時最美的角度是仰角，四片翅膀完全展開的那一刻是最美的，其他角度的蝴蝶在畫面上看起來，就只是一個黑點。

很多人問我研究蝴蝶過程當中遇過最危險的是什麼？我總是說：有一次為了要橫跨一個峭壁，我抓了根樹幹，沒想到它斷掉了，幸好我及時抓到另一根才不至於摔下山崖。不過相比之下，真正危險的是人！我一個外地人跑到高雄茂林，大家都覺得我這樣做很危險，去了別人的地盤。但當地人應該也覺得我很危險，你來這邊是不是想要利用我們？到底為什麼要來這？關心蝴蝶會不會只是一個幌子？

臺灣紫蝶幽谷主要分布在北迴歸線以南，高雄、屏東、臺東地區。全臺以前有二十幾處、超過十萬隻蝴蝶聚集的大型紫蝶幽谷，但因為全球暖化，棲地破壞，現在可能只剩個位數，茂林則是全臺最穩定可以整個冬天都有蝴蝶越冬的地方。對茂林人而言，冬天的山谷本來就會有成千上萬的蝴蝶，他們習以為常，不覺得這是很神奇的事，但其實茂林之外大部分的山谷在冬天是沒有蝴蝶的。如果有一天，連茂林的山谷裡都沒有蝴蝶，那將是紫斑蝶消失的時候。

1. 因為研究紫斑蝶關係，我與茂林人也成為好朋友。

2. 魯凱族與蝴蝶的關係非常密切，不但頭飾上有蝴蝶圖樣，衣服更繡上許多蝴蝶，是一種榮譽的象徵。

3. 2008年以紫斑蝶保育獲頒日本JFA協會創意大賞之「海外賞」。

紫斑蝶的數量因為人類破壞而減少。似乎沒有人類，紫斑蝶從此就會過著幸福快樂的生活。但事實也沒有那麼單純，生態學上有一個理論叫「中度干擾假說（intermediate disturbance hypothesis, IDH）」，就像人們常說的「水清無魚」，一塊棲地如果沒有被擾動甚至破壞，最終會趨向穩定，變成一灘死水。對紫斑蝶來說，人類砍個一兩棵樹拿去蓋房子或林地出現小面積的崩塌，反而讓更多光線照進蝴蝶谷，為寒冷的冬天帶來了溫暖。

我常常在想，如果當初我發現的蝴蝶谷是在人跡罕至的中央山脈最深處，這樣紫斑蝶的保育工作是否還有需要推動？這答案似乎很明顯，沒有人的地方沒有保育問題。看來人類應該是地球上唯一喜歡找麻煩的生物，製造問題再解決問題，然後再製造更多的問題，再想辦法解決無限的問題！

為了拍這部紀錄片，我們幾乎造訪了每一個紫蝶幽谷。2018 年左右《即將消失的美景 —— 臺灣紫蝶幽谷》紀錄片完成首映會，之後我們積極展開院線放映計畫，但後來新冠肺炎（COVID-19）爆發，整件事因此胎死腹中。直到今年，我們重新出發為《消失的紫斑蝶》影片進行群眾募資，希望喚起人們重視這個「隱藏版的世界自然遺產」。

自 2000 年投入紫斑蝶保育工作至今二十多年來，紫斑蝶讓我獲得無數的肯定：2003 年的福特環保獎、2008 年前往日本領取創意大賞海外獎、兩度獲得 Johnnie Walker 舉辦的夢想資助計畫……。很多人感謝我一直在保護蝴蝶，其實蝴蝶並不需要我的保護，反而是牠一直在保護我，指引著我走完人生很長的一段路。事實上，蝴蝶是一種生命力很強的生物，不論環境如何變遷，牠總是會找到自己的出路。

雪山白木林

| 目錄 |

PART I
追蝶人生

• • • • • • • • • • • • • • • • •

小時候，

我拿著蟲桿追蝴蝶；

長大後，

我拾起筆桿研究蝴蝶。

1999 年冬天，

我闖入數十萬隻蝴蝶越冬的山谷，

那裡的每一棵樹、每片樹葉、垂下的蔓藤，

停了滿滿的紫斑蝶，

只要動作稍微大一點，

成千上萬飛舞中的紫斑蝶，

讓空氣中都泛著紫光。

【中名】寬青帶鳳蝶（寬帶青鳳蝶）

【學名】*Graphium cloanthus kuge*

【特徵】尾突明顯，貫穿前後翅的青色縱帶，占翅膀面積一半以上。

【棲地】分布於臺灣低中海拔山區，常見於人為干擾較少的溪流環境，數量較少。

【活動月分】成蟲的發生期為3-10月。

寬青帶鳳蝶

我追的第一隻蝴蝶

———————————

蝴蝶與我

Me and the Butterfly

由於父親在我不到一歲的時候過世，阿嬤和姑姑便擔起責任扶養我長大。記得小學五年級時，姑姑有一次帶我去逛夜市，她送了我人生中的第一本書《臺灣蝴蝶圖鑑》，之後我每天拿著這本書開始了我的「追蝶人生」。但早期因為影像資料很稀缺，所以雖號稱是圖鑑，但許多蝴蝶其實都只有文字描述，例如書裡介紹大鳳蝶時就只有雌蝶照片。於是當我在觀音山第一次抓到大鳳蝶雄蝶時，就以為自己發現了新種蝴蝶！當時的我應該是世界上最開心的小孩吧！就像電視劇裡女主角一定要說的那樣：如果能夠有一台時光機，我希望把時間永遠停留在那一刻……

小時候的三重到處都是草埔仔。有一天我在草埔仔看到一隻與眾不同的蝴蝶：哇！是寬青帶鳳蝶耶！書上說這種蝴蝶只產於中央山脈最深處，但我居然在三重看見牠！這讓小小年紀的我覺得「太帥了」。之後整個追蝶的過程至今仍歷歷在目，我想這應該是我記憶中追最久的一隻蝴蝶吧！過程中還曾一度跌進水池裡……至此我默默許下心願：「長大後要念昆蟲系。」只是到現

在我還想不通的是：小學生怎會知道昆蟲系？姑姑告訴我的嗎？
還是爸爸託夢？

雖然是隔代教養，但阿嬤很重視我的教育。我因為喜歡蝴蝶而做
了很多標本，三不五時就會被阿嬤丟掉，她覺得：「你到底在幹
嘛？為什麼要做這些，不好好讀書？」我後來才知道，研究蝴蝶
的人，小時候都有被家人丟過標本或是拿去墊東西的經驗。看來
這似乎是一件很重要的事，因為若沒遇過這樣的事，搞不好熱情
就沒了。

人生有時也是這樣，因為受阻、受挫，才知道有多熱愛，這樣好
像也解決了人生的一些問題……再說個有趣的巧合，臺灣有位蝴
蝶研究者，也曾受到姑姑啟發而展開他的蝴蝶人生……看來姑姑
是一個很特別的存在，但特別要注意的是：不要亂送小孩書！

上了國中後，我一樣到處追蝴蝶。我的功課成績算普通，但自然科卻幾乎都是考滿分。上高中後，對蝴蝶的熱情更是愈演愈烈，臺灣近四百種蝴蝶，我幾乎都認得了，連牠們的拉丁學名也都牢記在腦海中。甚至我在高一就曾一個人搭火車跑去高雄美濃找蝴蝶，等到高中畢業時有了摩托車，還遠征到高雄茂林找蝴蝶。當時，我一心只想找稀有的、還沒被人發現的蝴蝶，第一次造訪蝴蝶谷的印象是「怎麼那麼多普通的蝴蝶？沒啥好玩。」

後來我念了中興大學昆蟲系、臺灣大學昆蟲研究所，畢業後出社會工作、做研究，直到 1999 年再度回到茂林紫蝶幽谷，卻發現蝴蝶谷已經變成停車場了。當時心中非常震撼，忽然驚覺「紫斑蝶消失了！」之後我往更深的山區尋找，最後我終於再度找到了牠們。那一刻，時間彷彿靜止一般，幾十萬隻蝴蝶起飛的樣子像極了動畫。

早期紫斑蝶數量很多，高中第一次看到時大概有五十萬隻，蝶群飛舞集體振翅發出的聲音，持續了有五分鐘那麼久；後來聽魯凱耆老陳誠主任說：「我小時候看到的紫斑蝶更多，丟一顆石頭進去，蝶群像呼吸一樣『呼呼呼』地不斷起伏，半小時才停下來。」曾經歷過臺灣靠外銷蝴蝶標本而建立「蝴蝶王國」時代的職業捕蝶人陳文龍則說：「我們曾到過一個山谷，抓三天三夜（蝴蝶），結果還有一半（量）。那裡估計大概有二百萬隻。」
後來我去了墨西哥帝王斑蝶谷，那裡每公頃有一百萬隻、整個冬季估計有上億隻在越冬，山谷裡的帝王斑蝶從日升到日落飛舞不止，沒有停過。

【中名】綠斑鳳蝶（翠斑青鳳蝶 / 統帥青鳳蝶）

【學名】*Graphium agamemnon*

【特徵】中型種，後翅有一尾狀突起。翅背底黑褐色，布滿翠綠色斑紋，腹面色彩淡褐、
　　　　珍珠色鱗片覆蓋，泛有淺紫色光澤。

【棲地】分布於臺灣臺中以南的平地，蘭嶼亦有分布。

【活動月分】多世代蝶種；南部平地經年可見成蝶飛翔。

從小一直追蝴蝶，

最常被問到的問題是，

你很不容易，一直堅持，不會想放棄嗎？

但說真的，

並沒有所謂放棄這件事，

因為蝴蝶已經住在我心裡了。

消失的紫斑蝶

DISAPPEARING PURPLE BUTTERFLY

紫斑蝶是臺灣常見，且數量最多的蝴蝶之一，過去並不受重視，直到後來我因緣際會投入研究及推動保育工作，才知道成千上萬的紫斑蝶冬天聚集在高雄茂林等地山谷所形成的「紫蝶幽谷」，是臺灣珍貴的紫色寶藏；每年清明節前後牠們通過高速公路成群北返，促成了臺灣獨步全球的「國道讓蝶道」創舉。紫斑蝶大規模越冬習性，更是全球罕見的兩大蝴蝶越冬奇觀之一。

我原本是蝴蝶研究者，幾乎只跟蝴蝶講話，但紫蝶幽谷位在私人土地，為了保育紫斑蝶必須與當地魯凱族居民溝通，我開始和他們接觸、交朋友，告訴他們蝴蝶保育的重要性，還學會了魯凱族的話。茂林有三個村落，不同村落講的魯凱族語不盡相同，我會的這種可能只有不到一千人會講。

紫斑蝶休息中

由於紫斑蝶分布在全臺各地，如果只有茂林的蝴蝶被保護，其他地方沒有，那也不是辦法。所以下一步就是開始和臺灣蝴蝶保育學會合作，在全臺推動號召保育紫蝶義工。為瞭解紫斑蝶在茂林蝶谷度過冬天後，春天會飛到哪裡，我們透過紫蝶義工在全臺各地藉由標記、再捕獲紫斑蝶，尋找蝶道。

2005 年，一位中部義工曾振楠發現，清明節時有大量的紫斑蝶通過國道 3 號雲林縣林內 252K 處，估計當天有百萬隻蝴蝶飛過國道；但當時還沒有保護措施，所以蝴蝶直接飛上國道，光是那天大概有十幾萬隻蝴蝶喪命。

由於發現紫斑蝶每年都會通過國道，為減少紫斑蝶傷亡，2006 年起義守大學的林鐵雄、鄭瑞富兩位老師開始為保護紫斑蝶奔走請命，後來和我們一起向高公局建議，應該做紫斑蝶防護措施，引起高公局重視。高公局局長李泰明在 2007 年宣布「國道讓蝶道」，也就是高公局將在每年清明節前後，採取建置紫斑蝶防護網、監測蝴蝶通過數量、必要時封閉林內段國道北上外側車道等措施，以保護有「清明蝶」之稱的紫斑蝶，能安全返鄉。這些創新作法，讓紫斑蝶傷亡率從原來的百分之三，大幅下降至千分之三，也讓「國道讓蝶道」成了國際矚目的保育事件。

紫斑蝶被驚擾

國道讓蝶道

每年大約在清明節前一個月左右，臺灣紫斑蝶生態保育協會義工會啟動紫斑蝶監測行動，高公局也會開始架設防護網，當偵測到每分鐘超過二百五十隻紫斑蝶通過，高公局就會封閉國道。

「國道讓蝶道」對歐美國家的人來講是很不可思議的事，因為在溫帶地區蝴蝶並非是到處可見的生物，所以他們想像中的畫面是：臺灣人居然為了一隻蝴蝶飛過就要封閉國道，真是個不可思議的國家。

台大校園春天的通泉草

PART II
蝴蝶家族

• • • • • • • • • • • • • • • •

臺灣地處熱帶、亞熱帶交會處的北迴歸線上，

四面環海，氣候炎熱，夏季偏長，

一座不到 36,000 平方公里的小島，

卻擁有複雜的地形及豐富的自然景觀，

標高 3,000 公尺以上的高山，共有 133 座，

多變的自然環境，孕育出近四百種蝶類，

因此，臺灣在國際間素有「蝴蝶王國」之美譽。

我不在家，
我在旅行的路上

斑蝶

Danainae

/

斑蝶是蛺蝶的一類，牠們是熱愛旅行、流浪、遷徙的蝴蝶，
有的甚至可以飛渡海洋。

臺灣曾經有過十五種斑蝶，現存只有十三種，帝王斑蝶和
大紫斑蝶已經絕種。

斑蝶特色介紹

◆ 毛筆器

雄性斑蝶腹部末端有一對會散發特殊氣味的「毛筆器（Hair pencils）」，是斑蝶亞科（Danainae）成員共同具備的祖先型質，作為求偶時釋放斑蝶素吸引雌蝶的性費洛蒙。紫斑蝶屬及部分斑蝶族被捕捉後還會翻出毛筆器釋放特殊氣味作為驅敵策略。

斑蝶的性費洛蒙「斑蝶素」主要成分來自雄蝶嗜食的菊科澤蘭屬（Eupatorium）植物花蜜中富含的「砒咯啶植物鹼（PAs, Pyrrolizidine alkaloids）」，所以在澤蘭上訪花的斑蝶幾乎都是雄蝶，生物學家特將這種食性偏好稱為「嗜植物鹼性（Pharmacophagy）」。由於PAs的這種致命性吸引力，使得斑蝶在無形之中成為那些富含PAs成分的外來植物，如香澤蘭、蔓澤蘭、光葉水菊等的絕佳授粉昆蟲，而加速其族群蔓延。

小紫斑蝶　　　　　　　圓翅紫斑蝶　　　　　　　端紫斑蝶

正在吸食富含PAs植物鹼白鳳菜花蜜的淡紋青斑蝶。

◆ 假死

自然界常可見到動物會出現假死的現象,其原因在生物學界仍是眾說紛紜。一般而言,假死被認定是一種避敵行為,藉由靜止不動加上本身的保護色或偽裝,來達到融入周遭環境中,讓那些以動態視覺尋找獵物的捕食者無法找到牠們。斑蝶假死的習性,則意外讓標放工作得以更順利地進行。

◆ 警戒色

斑蝶幼蟲身上醒目的白黑黃紅色縱紋、成蝶鮮明的外型及耀眼的金屬色，看似讓牠們變得醒目而身處險境，但因為紫斑蝶幼蟲嗜食桑科、蘿藦科及夾竹桃科等會分泌乳汁的植物，雖然這些植物乳汁大多含有一種稱為「奮心配醣體（CGs, Cardiac glycosides）」的有毒植物鹼，但牠們在攝食過程中不僅不會中毒，反而會將這些植物鹼濃縮並貯藏在體內，讓捕食者難以下嚥。所以牠們身上醒目鮮豔的色彩，其實是警告鳥類等捕食者牠們身懷劇毒的「警戒色」。

端紫斑蝶幼蟲，各體節有數條黑白相間環紋，體側有一橘黃色縱帶。

小紫斑蝶幼蟲與卵。　　　　　　　　　　　端紫斑蝶已羽化的蛹殼。

◆ 擬態

雌紅紫蛺蝶、黃領蛺蝶等無毒的蝴蝶為避免天敵捕食，演化出類似斑蝶的外型，讓天敵誤以為牠們有毒而不敢加以捕食，這現象稱為貝氏擬態（Batesian mimicry）。有毒的斑蝶為了強化捕食者的視覺記憶，於是產生不同種類的斑蝶模仿彼此外型，讓捕食者更加容易辨識，這種現象則稱為穆氏擬態（Mullery mimicry）。

這也就是為什麼在進行不同種類斑蝶辨識時，單單只靠斑紋型態往往極為困難，甚至有時候會找不出一個穩定的特徵。而這種情形也會出現在同種不同性別的辨識上。

擬態蝶　　　　　　　　斑蝶

斑蛾　　　　　　　　　　　端紫斑蝶

紫蛇目蝶　　　　　　　　小紫斑蝶

紅星斑蛺蝶

淡紋青斑蝶

白條白蔭蝶

小紋青斑蝶

雌紅紫蛺蝶（雌）

樺斑蝶

◆ 寄生蜂

斑蝶體內大量累積植物中有毒植物鹼「奮心配醣體（CGs）」，
對廣食性捕食者來說是一種忌避性物質，但對專食性寄生蜂來說
卻適得其反的成為牠們的最愛。

調查資料顯示，有些紫斑蝶類在特定區域自然狀態下，將近 90%
的紫斑蝶死亡原因是被寄生蜂寄生。

寄生蜂

◆ 黃金蛹

紫斑蝶蛹體內表層堆疊著許多特殊的構造，可將特定波長的光反射回去，形成鏡面效果。整個反射層在電子顯微鏡下可見許多明顯且不同密度的層次，又稱為金屬層。

學者曾針對黃金蛹的生物學意義提出多種解釋：1. 偽裝：藉由鏡面的成像作用使其具備類似周遭環境的顏色及花紋，並使其外形輪廓被破碎化而不易被捕食者辨認出來。2. 警戒色：有些紫斑蝶會取食含有毒物質，所以這些閃亮的金屬色，是警告鳥類等視覺性捕食者有毒的訊息。3. 結構的偶然：就像許多貝殼內層結構一樣並非作為展示之用，純粹只是因為結構特性而造成的一種意外效果。

斯氏紫斑蝶化蛹過程

41

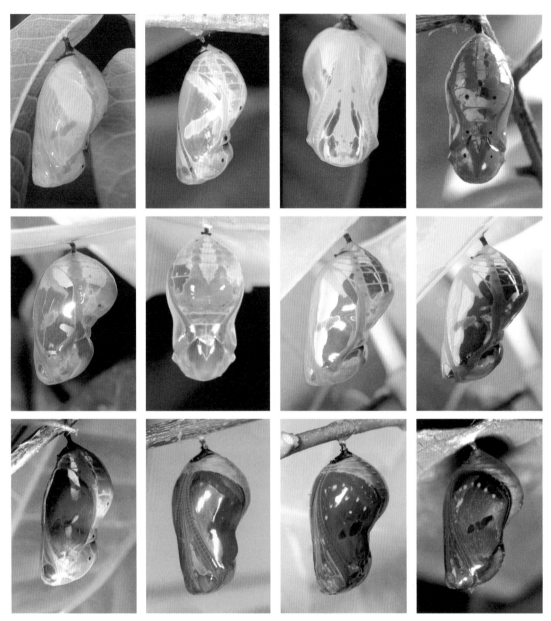

紫斑蝶蛹

圓翅紫斑蝶羽化過程

...

原是跟我們生長在同一時代、同一空間的大紫斑蝶，

現在卻只能靜靜地躺在標本箱裡了。

...

臺灣在 1950-1975 年間曾有著獨步全球的蝴蝶加工產業。

大紫斑蝶

Euploea phaenareta juvia

紫斑蝶在臺灣開始被重視後，人們對於臺灣四種紫斑蝶的口訣琅琅上口：小紫點一邊，圓翅點兩邊，斯氏有三點，端紫亂亂點……。

但事實上臺灣還有第五種紫斑蝶——大紫斑蝶。埔里木生昆蟲館一隻在 1962 年捕獲的大紫斑蝶是最後一筆可考的紀錄。也就是說，我們這一代人都曾與大紫斑蝶生活在同一個時空中。

大紫斑蝶是世界上最大的紫斑蝶，張開翅膀時最大可以達十公分左右，因此牠的英文名稱為 King crow（國王紫斑蝶）。

大紫斑蝶是一種平地的蝴蝶，主要棲息在臺南、高雄一帶紅樹林區。每次造訪一處博物館，我總是習慣性的會去尋找看看有沒有大紫斑蝶的標本，結果也不出意料的總會找到一些標本，這也顯示大紫斑蝶在當時並非稀有蝶種。

這讓我想到，我們的國蝶寬尾鳳蝶，在日據時代就被列入「天然紀念物」，屬於保育類，亦即這個國家最重要、需要保護的物種。

如今，寬尾鳳蝶還在，反而是一直和我們生活在一起，沒有人想到需要保護的大紫斑蝶，卻成為臺灣第一種滅絕的蝴蝶。

牠的滅絕留下了一些難解的謎團：牠們是否曾存在於越冬谷中？幼生期生活史是如何？臺灣地區族群的來源為何……

大紫斑蝶（雄）

大紫斑蝶（雌）

【中名】大紫斑蝶（臺南紫斑蝶）

【學名】*Euploea phaenareta juvia*

【特徵】大型蛺蝶，前翅長約60毫米，近直角三角形但弧度明顯，後翅扇形，整體翅型
甚圓。白斑為「散布型」，背面前翅散布藍紫色斑；後翅外緣雙列斑，中央散生藍
斑。腹面前翅中央有四個大小不等白斑，後翅中央散生藍斑。

【棲地】過往紀錄顯示，在臺南、高雄及恆春地區有不少採集紀錄，臺北陽明山，宜蘭
外澳、南澳、屏東浸水營亦有少量的紀錄，離島地區的澎湖、蘭嶼則有過一次
紀錄。

端紫斑蝶

Euploea mulciber barsine

端紫斑蝶前翅背面翅端有大面積的藍紫色光澤，牠是翅膀最狹長、最像滑翔翼的斑蝶，而且也最耐寒，不只飛到沖繩群島定居，最遠甚至已經飛到東京。由於斑蝶有毒，有毒的生物會彼此長得很像，讓敵人知道「我有毒」，敵人只要看到「穿著同樣制服的」，就會害怕牠有毒而不敢吃牠，我們將這種有毒動物間互相模仿外形的現象稱為「穆氏擬態」。但是端紫斑蝶雌雄蝶之間卻反其道而行，出現性雙型現象，其成因有待進一步的研究。

【中名】端紫斑蝶（異紋紫斑蝶／異型紫斑蝶／紫端斑蝶）

【學名】*Euploea mulciber barsine*

【特徵】中大型蛺蝶，雌雄性雙型。前翅長約48毫米，鈍角三角形，略有弧度，後翅扇形，整體翅型頗類似滑翔翼。斑紋型式為「散布型」，前翅背腹面中室附近大致有六個白斑。

【棲地】臺灣分布範圍最廣的紫斑蝶，從平地到中海拔山區常見見到，甚至夏、秋季在高海拔地區亦可見到。

【活動月分】一年多世代蝶種；成蝶在春季及夏初主要出現在平原及低海拔山區，夏、秋兩季則在平地至中海拔山區皆可見，冬季在北部仍可見到少量非遷移性個體的存在。

雄性端紫斑蝶以舞蹈方式飛行，並同時釋放性費洛蒙來吸引雌蝶注意。

端紫斑蝶

圓翅紫斑蝶

Euploea eunice hobsoni

圓翅紫斑蝶的特色是翅膀呈現圓形，像飛盤一樣，這似乎有助於
牠的飛行更為靈活。牠是森林性蝶種，喜訪花，偏好在較陰暗的
森林內部活動，林緣帶及富含蜜源開闊地亦可見。飛行能力強，
振翅速度快，路徑不規則，常會劇烈的左右搖擺快速振翅並伴隨
著滑翔動作。牠對都市的人工環境有一定程度適應性，即使是在
臺北市中心亦偶有繁殖紀錄。具明顯季節性移動現象，並會在冬
季大量群聚東、南部低海拔山谷越冬。由越冬個體脂肪明顯累積
及雌蝶出現生殖滯育現象，可知其為典型的越冬蝶種。

【中名】圓翅紫斑蝶（黑紫斑蝶）
【學名】*Euploea eunice hobsoni*
【特徵】中大型蛺蝶，前翅長約45毫米，近直角三角形但弧度明顯，後翅扇形，整體翅
　　　型甚圓。白斑為「雙列型」，腹部黑色泛藍色調，側、腹方有白紋，但不明顯。
【棲地】臺灣為分布北界，從平地到中海拔山區，甚至在夏季的高海拔山區皆可見到。
【活動月分】一年多世代蝶種；成蝶在春季及夏初主要出現在平原及低海拔山區，夏、
　　　　　秋兩季則在平地至中海拔山區皆可見。

圓翅紫斑蝶

小紫斑蝶

Euploea tulliolus koxinga

小紫斑蝶是紫斑蝶中體型最小的蝴蝶，英文名稱叫作侏儒紫斑蝶（Dwarf crow）。通常生物在不同區域會有不同的亞種，但是小紫斑蝶有一個很特別之處，在新加坡外海一個島嶼發現的小紫斑蝶，竟然長得跟臺灣的小紫斑蝶一模一樣，我想牠們的基因肯定不同，但外觀幾乎長得一樣。因為臺灣比較早發現小紫斑蝶，所以牠就被歸為臺灣的亞種。

在林緣帶及富含蜜源的開闊地可以見到牠們。以連續振翅伴隨著滑翔的方式飛行，路徑大致成一直線，是臺灣產四種紫斑蝶裡飛行速度最慢的。

【中名】小紫斑蝶（妒麗紫斑蝶／埔里紫斑蝶）

【學名】*Euploea tulliolus koxinga*

【特徵】中小型蛺蝶，整體翅型甚圓，前翅長約36毫米，近直角三角形但弧度明顯，後翅扇形。白斑分布型式為「雙列型」，前翅中央僅腹面有一斑。

【棲地】臺灣為分布北界，從平地到中海拔山區皆有分布的蝶種，但整體而言，仍以南部地區有較多的紀錄。

【活動月分】一年多世代蝶種；成蝶在春季及夏初主要出現在平原及低海拔山區，夏、秋兩季則在平地至中海拔山區皆可見，冬季除了東、南部低海拔越冬地以外的地區極為罕見。

小紫斑蝶

斯氏紫斑蝶

Euploea sylvester swinhoei

斯氏紫斑蝶是臺灣最早被採集到的蝴蝶之一，牠以發現者斯文豪氏為名，斯文豪同時也是臺灣很多生物的發現者，雲豹也是他發現的。斯氏紫斑蝶的遷移性很強，牠的寄主植物是羊角藤，苗栗竹南的濱海森林公園有非常多的羊角藤，所以在這裡最高曾經發現幾十萬隻的斯氏紫斑蝶繁衍。

雄蝶常在林下有陽光的地方展翅進行日光浴，偏好在樹林中層活動。雌蝶大多緩慢在寄主植物附近飛翔進行探試行為，找到寄主後將卵單顆產在嫩芽或新葉上。

【中名】斯氏紫斑蝶（雙標紫斑蝶／紫斑蝶）

【學名】*Euploea sylvester swinhoei*

【特徵】中型蛺蝶，前翅長約43毫米，近直角三角形略有弧度，後翅扇形，整體翅型介於端紫斑蝶的修長與圓翅紫斑蝶的渾圓之間，新羽化個體翅膀腹面特定角度會泛紫色調。斑紋分布型式為「雙列型」。

【棲地】臺灣從平地到中海拔山區皆可見，但主要出現在海岸或淺山地區。

【活動月分】一年多世代蝶種；成蝶在春季及夏初主要出現在平原及低海拔山區，夏、秋兩季則在平地至中海拔山區皆可見，冬季除了東、南部低海拔越冬地之外地區極為罕見。

斯氏紫斑蝶

淡紋青斑蝶
Tirumala limniace

淡紋青斑蝶全身散布淡藍色斑紋，這也是牠中文名稱的由來。主要出現在海岸林帶並偏好在開闊地活動，人工種植的寄主植物附近亦常可見到。直線方式飛行速度快，快速振翅多次並伴以滑翔方式飛行，會在海岸林上層巡弋飛行，但亦時可見到在花叢間緩慢拍翅訪花。春季蝶道時可見到。

牠對人工環境甚至都市環境的適應性高，應和其主要分布在野外開闊的海濱地區特性有關，只要種植寄主植物 —— 華他卡藤（又稱南山藤），即使是在臺北市中心，亦可輕易引來雌蝶產卵並年年造訪。

【中名】淡紋青斑蝶（淡小紋青斑蝶/粗紋青斑蝶/青斑蝶）
【學名】*Tirumala limniace*
【特徵】前翅中室端斑寬大，後翅腹面底黃褐色，前翅後緣斑紋外側不相連。
【棲地】分布於臺灣中低海拔區，主要出現在海岸林帶並偏好在開闊地活動，應是受限於寄主植物的分布，但在一些低海拔山區亦偶可見到。
【活動月分】一年多世代蝶種。

淡紋青斑蝶

小青斑蝶

Parantica swinhoei

小青斑蝶在紫斑蝶為主的蝶道上亦常可見，顯示其具一定程度的移動性；但牠並不像大青斑蝶會分布到日本，而是以臺灣為分布北界。牠偶爾會出現在越冬谷，冬季在部分地區會有少量族群出現，但並無明顯的群聚現象。飛行方式大致呈直線狀，並以振翅數次後伴隨著滑翔為主，但高飛的情形沒有大青斑蝶顯著。

雄蝶會停棲在枝條上將毛筆器伸出，進行性費洛蒙轉換（Pheromone transfer particles，PTPs）的行為。雌蝶經常花費大量時間在森林底層尋找寄主植物，並將卵單顆產在寄主葉背。

【中名】小青斑蝶（斯氏絹斑蝶／史氏絹斑蝶）

【學名】*Parantica swinhoei*

【特徵】前翅前緣無細線狀長紋，前翅中室長紋完整，後翅腹面中室外側兩長紋，腹部紅褐色。

【棲地】分布於臺灣平地到中高海拔山區皆可見。

【活動月分】一年多世代蝶種；全年皆可見到各生長階段個體。

雄蝶停棲在枝條上將毛筆器伸出，進行性費洛蒙轉換（PTPs）的行為。

大青斑蝶

Parantica sita niphonica

臺灣產青斑蝶中體型最大種類，由於其習用名稱「青斑蝶」常會與其他青斑蝶類混為一談，故本書以「大青斑蝶」稱之。

斑蝶是喜歡流浪的蝴蝶，大青斑蝶更是其中翹楚，具有跨海遷徙流浪的能力。但其實大青斑蝶一天也只能飛行大約 100 公里，牠之所以能在臺灣與日本之間跨海遷徙，主因是臺日之間有琉球群島，提供牠在飛越大海時可「跳島」休息，這種地理環境促成了臺灣與日本蝴蝶的交流。

大青斑蝶和帝王斑蝶是唯二分布在溫帶地區的斑蝶亞科成員，顯示其對低溫的耐受性很強。本種在紫蝶幽谷內極為罕見，僅在越冬末期會出現少量老舊個體。繁殖棲地雖有明顯的族群消長，但大致上終年可見各生長階段個體。實驗室情況下的存活天數為一百六十六日，標記再捕獲紀錄最長則為一百一十八天。

日本自 1980 年代開始針對大青斑蝶進行「標識再捕法」的研究後發現，青斑蝶會在每年春夏之際，從日本南西諸島往北遷移至日本的九州、四國、本州，甚至北海道，秋天則會往南遷移至日本南西諸島。由於日本南西諸島位置距臺灣最近不過近百公里，於是開始有人提出青斑蝶往返臺灣、日本的可能性。

【中名】大青斑蝶

【學名】*Parantica sita niphonica*

【特徵】斑紋帶淡藍色調，腹面斑紋較背面發達。鱗片在特定區域如前後翅中室特化成
細針狀，使得翅膀呈半透明。

【棲地】臺灣從平地到中高海拔山區皆可見，主要出現在臺北盆地周邊、宜蘭烏石鼻、
南投清境農場一帶、高雄藤枝山區、恆春半島、花蓮中部橫貫公路東段、宜蘭
思源埡口等地；離島地區龜山島、綠島、蘭嶼亦有分布。

【活動月分】全年可見。

2000 年 6 月 19 日，一隻臺灣大學昆蟲系研究生李信德在陽明山國家公園大屯山頂標上「1032C NTU」的大青斑蝶，十二天後在日本九州鹿兒島寄宿被日人中峰浩司捕獲後，終於證實了這項說法；隔年 11 月 25 日，屏東科技大學學生許國聖與林文信在臺東縣達仁鄉與屏東縣獅子鄉交界的壽卡山區，捕捉到一隻來自日本大阪、後翅標記有「SOA 118」的大青斑蝶，兩地的直線距離更長達 2,035 公里。

李信德在 2000 至 2003 年間標放的大青斑蝶共有三隻飛往日本，之後陸續又有日本標放的大青斑蝶飛抵臺灣，這證實臺、日間大青斑蝶確實在「雙向移動」，臺灣學者也曾就採自日本及臺灣各地的大青斑蝶分析其 DNA 組成，發現臺、日不同地區的青斑蝶確有不同程度的基因交流現象。

最早進行斑蝶遷移生態研究的加拿大動物學家佛瑞德‧厄克特（Frederick Urquhart），自 1937 年便開始嘗試用標記方式解開帝王斑蝶的遷移之謎，一直到 1975 年終於接獲同事 Ken and Cathy Brugger 的通報，在墨西哥市近郊約 240 公里處的 Neovolcanic Plateau，發現上百萬隻帝王斑蝶越冬地點。

翅膀上被標記的大青斑蝶

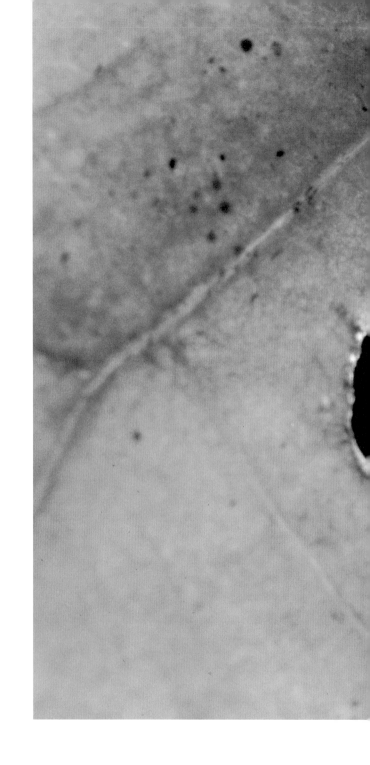

牛嬭菜（*Marsdenia formosana*）的寬
大葉片上，常可看到大青斑蝶幼蟲留
下的特殊取食印記「環狀食痕」。

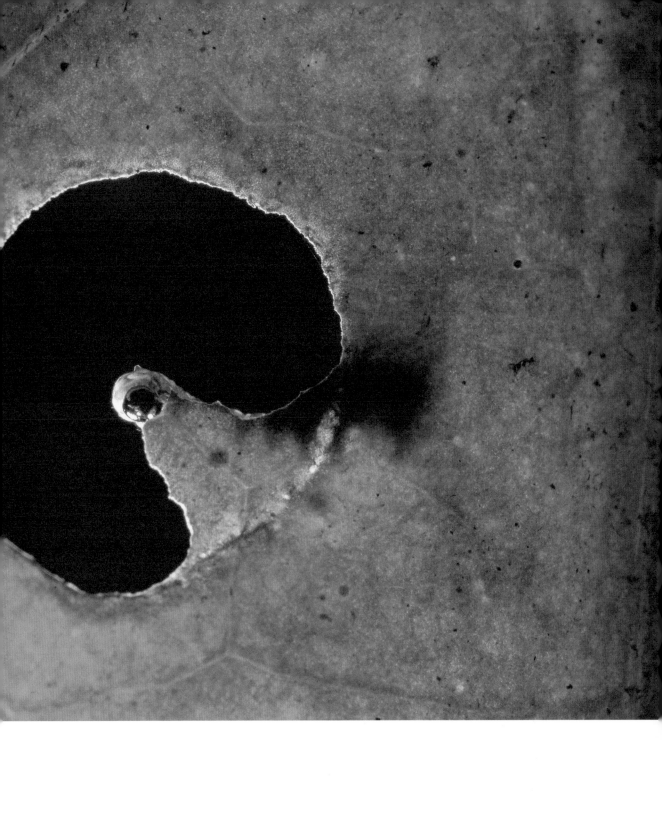

大白斑蝶

Idea leuconoe

大白斑蝶是分布於海岸林帶的蝶種，亦會在海濱開闊地出沒。翅膀白底，有黑色斑紋，是斑蝶中體型最大的蝴蝶。牠的飛行動作優雅而緩慢，像是翩然飛揚的風箏，因此牠的英文名字是紙風箏（Paper Kite）。

大白斑蝶因為拍翅速度緩慢，而且不易受驚擾，即使人們用手抓牠也不會反抗或逃走而被叫作「大笨蝶」，但其實是因為牠有劇毒，所以不怕被人抓。

大白斑蝶只出現在東北角、墾丁、綠島和蘭嶼，這和牠的寄主植物爬森藤有關。爬森藤是一種隨黑潮海飄到臺灣落地生根的植物，主要分布在臺灣南北海岸的東北角和墾丁。

【中名】大白斑蝶（大帛斑蝶／黑點大白斑蝶／大胡麻斑蝶）
【學名】*Idea leuconoe*
【特徵】大型蛺蝶，是臺灣最大的斑蝶，翅型寬大，前翅長約70毫米，呈三角形，後翅扇形。底白色散布黑斑，並在前翅亞外緣形成鋸齒狀斑列，翅基部泛黃色，波浪狀黑帶縱貫前後翅亞外緣。
【棲地】臺灣分布範圍最局限的斑蝶。
【活動月分】一年多世代蝶種，世代重疊；全年可見各生長階段。

大白斑蝶

小紋青斑蝶

Tirumala septentrionis

小紋青斑蝶的中文名字，得自牠斑紋較小的特徵。森林性蝶種，主要在森林內部活動。飛行速度快，軌跡大致成一直線，以連續振翅伴隨滑翔飛行。雄蝶會有在樹冠層追逐之領域行為。越冬蝶谷中數量僅次於紫斑蝶的蝶種，東部地區則會出現以本種為主的大規模越冬集團。

雄蝶求偶行為甚少被觀察到，被捕捉後會伸出毛筆器作為驅敵之用；吸泥水行為顯著，且常會聚集成一個集團。雌蝶飛行速度較為緩慢，常見其在樹林底層穿梭尋找寄主植物產卵。

【中名】小紋青斑蝶（嗇青斑蝶）

【學名】*Tirumala septentrionis*

【特徵】中型蛺蝶，前翅長約45毫米，近直角三角形，外緣中段略微內凹，後翅扇形外緣呈波浪狀。翅底色背面為黑褐色腹面紅褐色，藍色虎紋從基部往外延伸，外側散布許多大小不一的藍斑。

【棲地】主要分布於臺灣低海拔山區，中海拔山區亦可見。

【活動月分】一年多世代蝶種。

小紋青斑蝶

琉球青斑蝶
Ideopsis similis

琉球青斑蝶主要出現在林緣帶，森林內部亦常見，喜訪花。飛行速度緩慢，並不時可見到以滑翔飛行個體。蝶道中時常可見到牠，東、南部低海拔山區越冬地中，特別是在恆春半島及東部族群量不少，常可見到其形成集團休息的現象，同樣情形在日本的南西諸島亦被觀察到。

常見雄蝶花大量時間在雌蝶上方進行如直升機般滯空飛行的求偶行為；被捕捉後不會伸出毛筆器。

【中名】琉球青斑蝶（旖斑蝶／擬旖斑蝶）
【學名】*Ideopsis similis*
【特徵】前翅前緣有細線狀長紋，中室端有一高跟鞋狀紋，雄蝶後翅背面內緣有一模糊區域。
【棲地】主要分布於臺灣平地及低海拔山區，中海拔山區亦可見。
【活動月分】一年多世代蝶種；雖全年皆可見到各生長階段個體，但在冬季越冬谷中亦占有一定數量。

琉球青斑蝶

姬小青斑蝶
Parantica aglea maghaba

姬小青斑蝶型態雖類似琉球青斑蝶，且過去習用中名姬小紋青斑蝶，常會和薔青斑蝶屬的小紋青斑蝶聯想為近緣類群，實則和大青斑蝶及小青斑蝶同為絹斑蝶屬成員，故本書會以姬小青斑蝶來稱之。

偏好在林緣帶活動，開闊地亦頗為常見。飛行速度緩慢，路徑不規則，大多在地面附近飛行。春季蝶道上亦時可見到，惟數量上遠少於淡紋及小紋青斑蝶。南部越冬地中雖常可見到，但整體比率甚低，非越冬蝶種。

常可見到雄蝶花大量時間在雌蝶上方進行如直升機般滯空飛行的求偶行為，或是佇立枝條處將翅膀攤開在身體兩側，長時間伸出單一支毛筆器的求偶行為。

【中名】姬小青斑蝶（絹斑蝶／姬小紋青斑蝶）
【學名】*Parantica aglea maghaba*
【特徵】前翅長約39毫米，呈鈍角三角形，後翅扇形。前翅前緣有細線狀長紋，中室長紋完整，內有數條暗色線。
【棲地】常見於臺灣平地到低海拔山區，中海拔山區則偶見。
【活動月分】一年多世代蝶種；全年皆可見到各生長階段個體。

姫小青斑蝶

帝王斑蝶

Danaus plexippus

帝王斑蝶（Monarch）是蝴蝶遷移最著名的例子，每年估計最高可達約五億隻的驚人規模，如候鳥般展開一場遠征墨西哥達 4,000 多公里的驚奇之旅；世界另一端的西太平洋小島「臺灣」，也有另一個大規模群聚的奇景「紫蝶幽谷」生態現象。大英博物館蝴蝶學者范恩瑞（Dick Vane-Wright）在 2003 年 6 月出版的《蝴蝶（*Butterflies*）》一書中，更將墨西哥帝王斑蝶谷和臺灣茂林紫蝶幽谷並列介紹。

帝王斑蝶為原產於美洲的蝶種，但是卻在十九世紀出現族群大擴散，分布到世界各地。如今分布範圍則為北美洲的加拿大、美國；中美洲各國如墨西哥、古巴；南美洲北部，太平洋上的夏威夷及大洋洲上一些島嶼；澳洲東部、紐西蘭、新幾內亞、歐洲及非洲交界的葡萄牙所屬的馬德拉群島。

范恩瑞據此提出「哥倫布假說（The Columbus hypothesis）」，解釋其擴散原因和人類砍伐森林造就了大量草原環境，使得帝王斑蝶寄主植物乳草得以大量繁殖，並進而提供帝王斑蝶擴張族群的契機。

　　臺灣的紫蝶幽谷中，過去應該有帝王斑蝶的身影。帝王斑蝶最早
是 Wallace & Moore 於 1866 年在高雄採獲個體，之後陸續有採集
紀錄，可見牠以前曾在臺灣生活過，在日本學者白水隆 1960 年
出版的《原色臺灣蝶類大圖鑑》中仍被視為是「普通種」，但在
這之後至今就沒有觀察或採集紀錄。

【中名】帝王斑蝶（大樺斑蝶 / 君主斑蝶 / 黑脈金斑蝶）
【學名】*Danaus plexippus*
【特徵】前翅長約 52 毫米，呈鈍角三角形，翅型甚尖，後翅呈扇形。翅膀底色呈橘色，
　　　　翅脈黑色，外緣黑帶散生兩排白點，近翅端兩排斑列色澤有一定程度變異，從
　　　　白至黃褐色皆可見。
【棲地】從臺灣平地到中海拔山區皆有採集紀錄。
【活動月分】一年多世代蝶種；臺灣過去的採集紀錄集中在 3-7 月間，當時被形容為是
　　　　「普通」的蝶種。

休息
有時不是為了走更長遠的路
休息
只是我真的累了
只想不說話　靜靜待著

黑脈樺斑蝶
Danaus genutia

黑脈樺斑蝶過去在臺灣曾經有超過上萬隻蝴蝶聚集越冬形成「紅色蝴蝶谷」，但現在已經完全消失。近年看到最大蝴蝶谷中的黑脈樺斑蝶，只剩下十隻左右。黑脈樺斑蝶有點像是失去了自己領土的沒落王孫，只能混跡在其他越冬型蝴蝶谷中，可說是蝴蝶中的「沒落貴族」。

性喜在開闊林緣帶及草原環境活動的蝶種，喜訪花，飛行速度不快。季節性移動現象不明顯，但早期在臺灣曾有由單一蝶種形成越冬群聚紀錄，香港近年有紀錄到此類越冬谷的存在。

【中名】黑脈樺斑蝶（虎斑蝶）
【學名】*Danaus genutia*
【特徵】翅脈黑色，前翅近端有白色斜帶斑列，後翅外緣兩排斑列由小斑點組成。
【棲地】臺灣從平地到中海拔山區甚至在夏季的高海拔地區亦偶可見。
【活動月分】一年多世代蝶種；成蝶春季主要出現在平地及低海拔山區，夏、秋兩季則在中海拔甚至高海拔山區亦可見，冬季在北部及南部仍有一些成蝶及幼生期的紀錄。

黑脈樺斑蝶

帝王斑蝶

一個人沒有不好
有更多時間可以去做喜歡的事
今天　我想去拜訪藍天
明天　我想去找花兒拿花蜜
明天過後……

樺斑蝶
Danaus chrysippus

世界上第一種被畫成藝術品的蝴蝶及被命名的斑蝶，早在三千五百年前的埃及壁畫中就已經出現。其屬名 Danaus 指的是埃及神話中的國王。

樺斑蝶是中型蛺蝶，翅展約 70-80 毫米。草原性蝶種，喜訪花，主要棲息在開闊地，森林地區極為罕見。低空飛行速度緩慢，路徑大致成一直線，花大量時間在花叢或寄主間進行短距離飛行。臺灣唯一至今沒有在越冬谷內被紀錄過的斑蝶，非越冬蝶種。

樺斑蝶親戚是帝王斑蝶，樺斑蝶不越冬，有「熱帶版帝王斑蝶」之稱。牠和帝王斑蝶都吃外來種植物——馬利筋，臺灣現在還有很多樺斑蝶，但帝王斑蝶已經消失了。

【中名】樺斑蝶（金斑蝶/阿檀蝶）
【學名】*Danaus chrysippus*
【特徵】翅脈與底色同色，後翅外緣一排斑列由長形小斑組成。
【棲地】廣布在亞洲及非洲的一種蛺蝶。亦有分布在非洲、南歐、斯里蘭卡、印度、緬甸、中國及蘇拉威西島。
【活動月分】從春季開始族群量會逐漸攀升，並在秋季達到最高點，之後隨著冬季來臨，各地數量會銳減。

樺斑蝶

穿著高跟鞋的名模

鳳蝶

Papilionidae

/

鳳蝶身形高䠷，顏值高，可說是蝴蝶中的名模。
後翅較窄，面積小，遮不住肚子，像極了穿露肚裝。鳳蝶
的腳比其他蝴蝶長，方便吸食花蜜，不像蛺蝶、小灰蝶喜
歡到處走來走去。鳳蝶的腳不適合走路，感覺像是穿著高
跟鞋的模特兒。

...

因為深怕牠會飛走，

我屏住呼吸匍匐前進，

但因為太緊張嚇到牠了，

牠的翅膀突然豎起來。

於是我捕捉到了蝴蝶最美的 45 度角，

這個角度讓所有的特徵一覽無遺。

...

寬尾鳳蝶

寬尾鳳蝶

Agehana maraho

這張寬尾鳳蝶的照片（前頁），是我高中時候拍到的。有人看到這張照片就說：我是臺灣第三個拍到，且是最年輕拍到寬尾鳳蝶的人。或許人應該要像這樣一直保持赤子之心，才能在人生的道路上勇往直前。

在宜蘭明池初次遇見牠時，心想：「地上怎麼有一塊紅布？」原本抬起腳正想踢掉，卻驚覺是寬尾鳳蝶。我興奮地趕緊趴在地上匍匐前進，但因為太緊張了嚇到牠，所以牠的翅膀就豎起來。就這樣我成功拍下蝴蝶最美的 45 度角，這個角度才能看到牠的四片翅膀及所有特徵。後面拍也可看到四片翅膀，但沒有立體感，側面則太過平面（人們自拍最美的角度好像也是 45 度）。

寬尾鳳蝶屬於臺灣特有種保育類野生動物第一類「瀕臨絕種野生動物」，更被譽為是我們的國蝶（巧合的是，牠翅膀顏色剛好和國旗一樣是「青天白日滿地紅」）。

臺灣寬尾鳳蝶模式標本

【中名】寬尾鳳蝶（臺灣寬尾鳳蝶/闊尾鳳蝶）

【學名】*Agehana maraho*

【特徵】翅背底色黑色帶深藍光澤，前翅脈沿散布灰色鱗。前翅甚長，前緣呈弧形；後翅
尾突甚寬，由兩條翅脈所貫穿。後翅外緣有一列鮮紅色弦月紋，中室及附近有
一大片白斑塊。

【棲地】臺灣特有種，分布於海拔約1,000-2,000公尺山區；但偶爾會出現在低海拔山
區，桃園巴陵、新竹觀霧、宜蘭明池、太平山森林遊樂區、思源埡口、花蓮中平
林道、臺中佳陽武陵等地可見。

【活動月分】臺灣寬尾鳳蝶成蝶4-9月可見，但整體呈現春末至初夏4-5月間有一個發生
的高峰期；9月底仍陸續可發現幼生期各階段。

1932 年 7 月，當時任職於宜蘭農林學校的日籍教師鈴木利一，在臺北州羅東郡烏帽子溪邊（宜蘭縣大同鄉獨立山附近）海拔 470 公尺處，發現了第一隻寬尾鳳蝶。隔年，臺北帝國大學教授素木得一前往該地苦候多日，終於在 5 月 19 日上午 9 時 46 分採獲第二隻寬尾鳳蝶，由於這次採集旅費高達八百餘日圓，因此又被稱為「八百圓蝶」。

寬尾鳳蝶種小名「maraho」源自泰雅族語「頭目」之意，寬尾鳳蝶在 1934 年由素木得一及楚南仁博共同發表後，馬上引起學界震撼，1935 年便將其列入日本天然紀念物名單中。

寬尾鳳蝶之所以引起學界及愛蝶人士高度關注的原因在於：世界上近六百種鳳蝶中，寬尾鳳蝶有著獨一無二、由兩條翅脈貫穿的寬大尾突；再加上其數量稀少行蹤不易掌握，因此被日本愛蝶人士譽為「夢幻之蝶」。

1936 年，已故的日本蝴蝶學者松村松年根據寬尾鳳蝶有兩條翅脈通過尾突的特徵，將之提升為一個獨立的新屬 Agehana，其分布東起臺灣，西至四川，但部分學者至今仍視其為鳳蝶屬 Papilio 的成員，並認為與產在中國大陸的牛郎鳳蝶（*Papilio bootes*）有著親緣關係。

中國寬尾鳳蝶有的個體沒白斑，而且紅斑比較小。

過去日本學者命名寬尾鳳蝶時，將臺灣和中國寬尾鳳蝶處理為
2個獨立的種。中國大陸學者根據中國寬尾鳳蝶存在著白斑型
（*Agehana elwesi f. cavaleriei*）及兩者幼生期外觀相似的特徵，
認為臺灣寬尾鳳蝶與中國寬尾鳳蝶是同一種。但在臺灣學者進行
DNA定序的分析結果指出，中國寬尾鳳蝶白斑型僅是中國寬尾
鳳蝶的一個型，加上兩者成蝶在外觀上有著明顯可辨的差異，臺
灣寬尾鳳蝶族群雖源自中國大陸，但經過長久的基因隔離，臺灣
寬尾鳳蝶和中國寬尾鳳蝶已經是兩個獨立的種。

過去相關研究或書籍皆顯示，寬尾鳳蝶是唯一會利用臺灣檫樹作
為寄主的鳳蝶。但大學時代我在一次野外調查時，卻曾觀察到青
帶鳳蝶母蝶疑似在臺灣檫樹上產卵的行為。事後與一些蝴蝶同好
閒聊間提及此事卻遭到反駁，最後也只好信心動搖馬上做出以下
結論：應該是騎車吹風後導致眼睛紅紅的，看走眼了吧！

我研究所畢業多年後，執行一項由雪霸國家公園委託的寬尾鳳蝶
保育計畫後，再度和寬尾鳳蝶有了新的連結。但在研究一段期間
後，便因為一個看似完全不合理的結論而陷入瓶頸：檫樹上的寬
尾鳳蝶一齡幼蟲死亡率竟然是百分之百！直到有一次前往宜蘭明
池山區調查時，一隻青帶鳳蝶雌蝶又像筆者大學時代那樣，翩然
飛到眼前檫樹嫩葉產下卵後才出現轉機。

經過仔細比對這些所謂的寬尾鳳蝶一齡幼蟲的剛毛列及卵的形態
後，筆者才驚覺過去有關寬尾鳳蝶的相關研究及書籍，幾乎都將
青帶鳳蝶卵及一齡幼蟲誤判為是寬尾鳳蝶。

【中名】青帶鳳蝶（青鳳蝶/青條鳳蝶/黑玟瑁）

【學名】*Graphium sarpedon connectens*

【特徵】翅背黑褐色，一列青色帶紋縱貫前後翅，後翅外緣有一列青色弦月紋。

【棲地】都市內最常見的鳳蝶之一，分布於臺灣全島，蘭嶼亦有。

【活動月分】一年多世代蝶種，且世代重疊；南部平地周年可見成蟲，北部及山區則約
　　　　　　於3月起出現，直到10月以後才消失，在冬季較寒冷的地方以蛹越冬。

擺在眼前的這些鐵證，似乎也就不用再敘述那些被我帶回的幼蟲，改用樟樹飼育並成功化蛹、羽化成青帶鳳蝶。那些青帶鳳蝶母蝶，為何會將卵一錯再錯的產在非寄主植物上？目前我們只能推測，其原因可能和檫樹含有和樟樹相同的氣味成分，使得青帶鳳蝶陰錯陽差的犯了這個錯。

那麼寬尾鳳蝶的卵及一齡幼蟲究竟長什麼樣子？我們先是在一片成熟樹葉的正中央處，發現一隻有著鳥糞狀外觀的寬尾鳳蝶一齡幼蟲；葉子上一個疑似卵痕的印子，則讓我們推想：寬尾鳳蝶應是將卵產在成熟葉上。

就在當天天色將暗之際，我們奮力來到一棵生長在陡坡上的檫樹下方，才剛把第一根小枝條拉下來，我們就忍不住大叫：找到了！一顆在灰暗天色中微微散發出暗沉黃綠琥珀般光澤的卵，就躺在眼前那片比人臉還大的成熟葉正中央處。原來寬尾鳳蝶不像青帶鳳蝶那樣將卵產在嫩葉上，反而直接將卵大剌剌的產在最顯眼的地方。

寬尾鳳蝶與青帶鳳蝶比較

寬尾鳳蝶	青帶鳳蝶
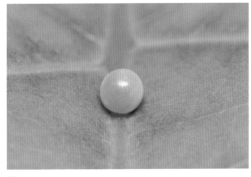	
卵	卵

1齡幼蟲	1齡幼蟲

終齡幼蟲	終齡幼蟲

寬尾鳳蝶的卵

寬尾鳳蝶的蛹

黑鳳蝶
Papilio protenor

黑鳳蝶的中文名字是得自翅膀的黑色底色，但其實這些黑色鱗片在特定角度卻會閃現出藍色光澤，因此牠在中國被稱為藍鳳蝶。不同觀點而出現不同中文名，似乎也說明了兩岸之間文化上的差異性。

在臺灣地區，成蟲外觀與黑鳳蝶最相似的是臺灣鳳蝶，但黑鳳蝶的後翅腹面沒有大面積網狀紅紋。另外黑鳳蝶後翅輪廓呈圓形，臺灣鳳蝶則成平行四邊形。

除了這兩種沒有尾突的黑鳳蝶家族成員，在墾丁地區每年夏季大量發生的玉帶鳳蝶群中，有時也可以找到來自菲律賓的無尾型玉帶鳳蝶。

【中名】黑鳳蝶（藍鳳蝶／無尾黑鳳蝶）
【學名】*Papilio protenor*
【特徵】前後翅基部無紅紋，雄蝶後翅背面前緣有白橫紋。
【棲地】臺灣廣泛分布，平地分布至海拔 1,500 公尺左右。
【活動月分】除了冬季以外，全年可以見到成蝶，係多世代性且世代重疊的蝶種。

正在交尾的黑鳳蝶

【中名】玉帶鳳蝶無尾型（白帶鳳蝶/縞鳳蝶）

【學名】*Papilio polytes*

【特徵】翅膀黑色具尾狀突起，後翅具一列白色帶狀斑；雌蝶有兩種外觀，一為帶斑型，
另一種擬態成紅紋鳳蝶為紅斑型。

【棲地】分布於臺灣平原及低海拔山區。

【活動月分】多世代蝶種，除了中北部冬季氣溫較低的地區，冬期以蛹態休眠越冬之
外，各地均全年可見。

【中名】臺灣鳳蝶（渡邊鳳蝶／臺灣藍鳳蝶）

【學名】*Papilio thaiwanus*

【特徵】雄蝶雙翅背面帶藍黑色光澤，腹面後翅有朱紅色斑紋；雌蝶背面色調較黯淡，
　　　　後翅中央帶白色斑塊。

【棲地】廣泛出現在臺灣的中海拔山區。

【活動月分】一年至少有四個世代，春季2、3月出現第一世代蝶種，隨後一直持續出現
　　　　　　到約11月止；冬季以蛹態越冬。

...

這隻陰陽蝶照片，
是臺灣最後一位養蝶人羅錦文，
在他一生養了 100 萬隻蝴蝶中，
出現的唯一一隻。

...

陰陽蝶

陰陽蝶左翅為雌蝶，右翅為雄蝶。

大鳳蝶

Papilio memnon heronus

在《梁山伯與祝英台》的淒美愛情故事中，男女主角因為無法相守，最終化為一公一母兩隻蝴蝶雙飛而去。這個「化蝶」故事，在蝴蝶生態界中，其實只需一隻陰陽蝶，就可「一蝶分飾兩角」，自己扮演「梁祝情蝶」了。

陰陽蝶屬於生物學上的變異，造成蝴蝶的身體及生殖器一半是公的，一半是母的，左右兩邊的翅膀也會呈現不一樣的顏色及斑紋。

我在二十多年前拍到的這張陰陽蝶照片，是臺灣最後一位養蝶人羅錦文所養。他說：「這一生大概養了一百萬隻蝴蝶，但只養出這一隻陰陽蝶。」

過去我所看到的陰陽蝶，很多都是死後被做成標本。因為羅先生不想把牠殺死製成標本，所以就讓牠在自己的蝴蝶牧場裡自由飛翔，直到壽終正寢。

看到陰陽蝶，跟發現新種和稀有種蝴蝶，是不同的概念。對於靠抓蝴蝶維生的人，看到陰陽蝶可能會很興奮，因為可以賣錢；但對於研究蝴蝶的人而言，看到突變的陰陽蝶只覺得新奇，難得一見，但研究者想要的是找到稀有的、沒有人發現過的蝴蝶。

大鳳蝶（雌蝶）

大鳳蝶（雄蝶）

【中名】大鳳蝶（美鳳蝶）

【學名】*Papilio memnon heronus*

【特徵】雄蝶背面底藍黑色，沿翅脈有淡藍色鱗片分布。後翅淡藍色鱗片比前翅多而鮮明，中室端部亦有散布。雌蝶分「有尾型」與「無尾型」，翅室內有暗色粗橫條，中室則有五條暗色紋。

【棲地】廣泛分布於臺灣低海拔地區，人工栽培的柚子、柑橘等果園中數量最多。

【活動月分】一年多世代蝶種；除了冬季以外，幾乎全年可見，但以6-9月為高峰期。

　　　　　　　　　・・・

　　　已故日本博物學家鹿野忠雄先生，

　　在一次前往南湖大山的途中見到曙鳳蝶，

　有如剖開西瓜的桃紅色斑紋及優雅飛行姿態後，

　　　　將其譽為臺灣高山自然生態中

　　　　　最讓他感動的畫面之一。

　　　　　　　　　・・・

曙鳳蝶

曙鳳蝶

Atrophaneura horishana

一般鳳蝶大多都以蛹越冬，曙鳳蝶為了適應高海拔山區氣候，而有著鳳蝶科中少見以幼蟲狀態越冬的特殊生態。

曙鳳蝶是臺灣特有種，在其他地區沒有外型相近蝶種。種小名 Horishana 為埔里社的意思，可說是比寬尾鳳蝶還有代表性的臺灣蝶種。牠因為尾部呈紅色，且上面有著像西瓜黑籽的斑紋，因此又叫作「西瓜鳳蝶」。但是因為牠數量多，人們通常不覺得牠很珍貴，但牠卻是外國人士來臺灣最想拍的蝴蝶之一。

曙鳳蝶生長在中高海拔山區，當我們想要畫一幅臺灣高山的畫面，可能會把黑熊、帝雉、山椒魚這些代表臺灣的物種畫進來，如果也要把一種最能代表臺灣高山的蝴蝶畫進來，那應該就是曙鳳蝶了。

【中名】曙鳳蝶（無尾紅紋鳳蝶／桃紅鳳蝶）

【學名】*Atrophaneura horishana*

【特徵】大型鳳蝶，性雙型。前翅長約65-70毫米，胸腹部桃紅色，後翅腹面下部具有西瓜黑籽的斑紋。

【棲地】主要分布於臺灣1,000-3,000公尺的中高海拔山區，但在秋冬季則會下降至低海拔山區。

【活動月分】一年一世代蝶種；夏至冬季可見。

珠光鳳蝶

Troides magellanus sonani

承襲著鳥翼蝶家族傳統的珠光鳳蝶，不但理所當然的榮膺臺灣最大蝴蝶的頭銜，同樣也有著一段傳奇的發現過程。珠光鳳蝶最早是在菲律賓被發現，命名者十九世紀奧地利昆蟲學家 Felder 父子，為紀念葡萄牙航海家斐迪南‧麥哲倫（Ferdinand Magellan）橫越太平洋抵達菲律賓後，卻在馬丹島和當地人起衝突，頭目拉普拉普（Lapu Lapu）帶領島民奮勇抵抗而將其殺害的史實，便以麥哲倫作為珠光鳳蝶的種小名。

藉由這項史實才讓人驚覺，原來這個首次帶領人們完成環球旅程的偉大探險家以及太平洋的命名者，竟成為徘徊在菲律賓的孤魂。這和珠光鳳蝶因為常出沒在海檬果及棋盤腳叢生的樹林中，而被同樣有著菲律賓原住民血統的蘭嶼達悟族人將珠光鳳蝶視為是惡靈的傳說，兩者之間竟有著令人毛骨悚然的巧合。

另外一種分布在臺灣本島的姊妹種黃裳鳳蝶，則因為碩大的體型及美麗的外型，而成為各地蝴蝶生態園的活廣告。

【中名】珠光鳳蝶（珠光裳鳳蝶 / 熒光裳鳳蝶）

【學名】*Troides magellanus sonani*

【特徵】後翅有珍珠般光澤的物理色。雄蝶後翅外緣鋸齒較深；雌蝶腹部灰白色，後翅
　　　　有一排弦月紋。

【棲地】蘭嶼特有亞種，東清、雙獅岩、龍門橋、忠愛橋，是珠光鳳蝶常出沒的地點。

【活動月分】一年多世代蝶種；春及秋季數量較多，全年可見成蝶及幼生期。

看到黃裳鳳蝶羽化的美姿，不難想像日籍蝴蝶學家中原及素木氏
（Nakahara & Esaki）曾命名過、但因為優先權的關係而被判定為
無效亞種名的「kaguya」，日文意指日本家喻戶曉的「竹取物語」
神話故事，內容描述一個被砍柴的老翁從發光的竹節中發現、體
型卻只有三寸大的美麗女孩子，帶回養育成人的「竹取公主」，
最後穿上「月之羽衣」飛回月亮的故事。

黃裳鳳蝶和珠光鳳蝶都是鳥翼蝶的一種。牠們的體型都很大，而
且可以飛很高，甚至像鳥一樣飛翔。

黃裳鳳蝶後翅有大片黃色，像是穿了件黃衣裳。牠是起源熱帶的
鳥翼蝶中少數分布在溫帶的種類，最遠可分布到甘肅。這在生物
學上很特別，就像熱帶的新幾內亞人如果有一天分布到甘肅，也
會讓人覺得很驚奇。

珠光鳳蝶是蘭嶼的特有種，是瀕臨絕種保育類蝴蝶。牠的後翅是
黃色，但在特定的角度卻閃爍著珠光，有點像是第四空間或平行
宇宙的概念。

【中名】黃裳鳳蝶（金裳鳳蝶 / 金鳳蝶）

【學名】*Troides aeacus formosanus*

【特徵】大型鳳蝶。雄蝶翅背黑色，翅脈散布灰鱗，後翅有一大黃斑，外緣黑邊內凹呈
　　　　鋸齒狀；雌蝶後翅中央有一排三角形黑斑，外緣鋸齒狀黑邊極度發達。

【棲地】主要分布於臺灣海岸至 1,000 公尺左右山區，離島地區綠島亦可見。

【活動月分】一年多世代蝶種；全年四季可見。

人類為了保護蝴蝶而把牠定為保育類，目的是為了阻止人類捕殺，但保育類蝴蝶就像是國家認證的名牌，因為有「名牌」加持，讓牠的身價水漲船高，反而面臨盜獵的危機；另一方面，當蝴蝶被列入保育類，人類就不能碰牠們，想要發展商業賞蝶行為就會受限，但是如果把牠從保育類除名，很多人又變得對牠們沒興趣。臺灣是一個蝴蝶島，應該要思考的是永續利用，而非一味地以保育之名禁止利用，如此才能有助生態旅遊或者是蝴蝶產業的發展。

如果有一天臺灣能發展成到處是蝴蝶花園，對外國人士會很有吸引力，就像紫蝶幽谷是以成蟲越冬，所以臺灣冬天有成千上萬的蝴蝶，這很顛覆外國人印象，因為在他們的印象中蝴蝶是春天的動物，來臺灣看過之後，他們常會說，在臺灣一天看到的蝴蝶比他們一輩子看到的還多。如何在保育與永續發展間找到平衡，值得身為蝴蝶王國的臺灣重新思考。

珠光鳳蝶（雌）

珠光鳳蝶（雄）

升天鳳蝶

Pazala eurous asakurae

升天鳳蝶和寬尾鳳蝶一樣都是棲息在中海拔山區霧林帶的珍貴蝶種，最大特徵是翅膀狹長，飛行速度很快，因為一飛衝天的姿態而被稱作升天鳳蝶。另外，牠的翅面具多條灰黑色縱列條帶，後翅細長的尾突外型很像劍，所以又叫作劍鳳蝶。

升天鳳蝶以蛹越冬，是每年早春臺灣最早出現的蝴蝶之一，牠們會集體群聚吸水，翅膀上像斑馬紋一般的黑白相間斑紋，可用於擾亂敵人的視覺。

升天鳳蝶還有一種很像牠的雙胞胎，叫作木生鳳蝶，那是發現者臺灣昆蟲專家余清金，以他的父親余木生的名字所命名。

【中名】升天鳳蝶（劍鳳蝶／升天劍鳳蝶）

【學名】*Pazala eurous asakurae*

【特徵】中型種，翅背底白色，後翅尾狀突起非常細長，有如兩把長劍。

【棲地】分布於臺灣海拔200-2,500公尺山地。

【活動月分】一年一世代蝶種；成蝶主要出現於春季3-5月分，但在海拔較高的地區延至
6、7月仍能見到。

【中名】木生鳳蝶（黑尾劍鳳蝶／鐵木劍鳳蝶）

【學名】*Pazala timur chungianus*

【特徵】大型鳳蝶，性雙型。前翅狹長後翅。頭部黑色有一對大複眼，胸部在翅基附近有紅斑。

【棲地】分布於臺灣北部海拔500-1,500公尺的山區。

【活動月分】一年一世代或兩年一世代蝶種；成蟲主要的發生期在春季3-5月。

喜歡走路的蝴蝶

蛺蝶

Nymphalidae

/

蛺蝶像是蝴蝶中的勇士,其翅膀粗壯,而且和鳳蝶不同的
是,蛺蝶前足特化變得很小,縮在胸前,乍看之下只剩下
四隻腳,且牠們的腳特別粗壯適合步行,因此常可見到牠
們在地上走來走去,相當有趣。

蛺蝶是一個大家族,過去人們習稱的斑蝶、蛇目蝶、環紋
蝶科……如今都已經被納入蛺蝶科中。

．．．

聽說有人在烏來看過閃電蝶，

我就去這些地方找，

但去了好多次都沒有看到……

有一次，

在花蓮迴頭彎無意中找到牠，

驀然回頭，那「蝶」就在迴頭彎處。

．．．

閃電蝶

閃電蝶

Euthalia irrubescens fulguralis

閃電蝶是屬於追蝶人一生只要拍到就算圓夢的物種。牠零星出沒在各個山區，飛行速度很快。

閃電蝶因為量少、到處平均分布，因此當人家問我「哪裡有閃電蝶？」其實可能到處都有，卻又沒有一個確切的出沒點，很符合牠的名字，就像有人問「要去哪裡看閃電？」不知道，卻到處都可能會出現。

最早我聽說有人在烏來看過閃電蝶，我就去找，但去了無數次都沒有看過，有一次卻無意中在花蓮迴頭彎發現而拍到牠的身影。

閃電蝶的飛行姿態跟琉璃蛺蝶很像，但琉璃蛺蝶是黑色裡面有藍色，和閃電蝶是黑色裡面有紅色不太一樣。追蝶人可能看過幾千隻琉璃蛺蝶也找不到一隻閃電蝶，但每次琉璃蛺蝶出現時，還是不免興奮地自問自答：「是閃電蝶」？和台語俗諺說的「看到黑影就開槍」的心情很像。

【中名】閃電蝶（紅玉翠蛺蝶／紅裙邊蛺蝶）

【學名】*Euthalia irrubescens fulguralis*

【特徵】前翅中室及後翅腹面邊緣及中室散布紅色斑塊，翅面各翅室上有放射狀深色條
　　　　紋，翅底黑帶藍綠色金屬光澤。

【棲地】分布於臺灣低中海拔山區。

【活動月分】一年有三、四個世代蝶種；成蟲發生期主要在6-8月。

很多追蝶人都擁有在空中就能辨識蝴蝶的能力，以前常會和同好比賽誰能最早辨識空中飛舞的蝴蝶，好像這樣也能獲得些微莫明的成就感，這大概就是追蝶的樂趣之一。

因為閃電蝶實在太稀罕，也增加了牠的神祕色彩，讓人很著迷，但牠並非遙不可及。每次出去追牠，彷彿都處在一種既懷疑又充滿希望的心情。

閃電蝶的卵有很多棘狀突起，外觀像冠狀病毒（COVID-19），又像太空艙，牠的寄主是桑寄生科植物，吃這類食物的通常是特別的蝴蝶。閃電蝶可說是一種全方位的蝴蝶，卵、幼蟲、蛹，到成蝶都相當精采。

【中名】琉璃蛺蝶（藍帶蝶／琉璃紋蛺蝶／菝葜胥蛺蝶）

【學名】*Kaniska canace drilon*

【特徵】背面底黑，亞外緣內側有一縱貫翅面的藍色寬帶紋。翅腹黑底泛紫色調，表面
密布枯樹皮質感的不規則紋路。

【棲地】普遍分布於臺灣低、中海拔地區。

【活動月分】多世代蝶種；全年可見成蟲及各蟲期。

閃電蝶的卵

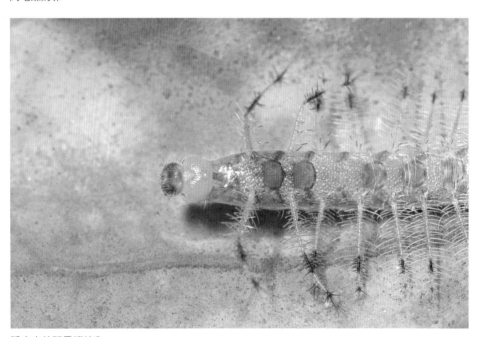

脫皮中的閃電蝶幼蟲

閃電蝶的終齡幼蟲

閃電蝶的蛹

．．．

再見，蝴蝶！

在臺灣尋找蝴蝶曾經是一連串的驚喜，

但面對棲息地不斷遭到人為破壞，

現在也只剩下一連串的嘆息。

就像保存在中興大學昆蟲館中，

全世界僅有的兩隻「楊氏淺色小豹蛺蝶」雄蝶那樣。

．．．

Holotype ♂
Boloria pales
yangi Hsu & Yen

梨山
TAIWAN
V. 1. 1964
COL. C. T. YANG

楊氏淺色小豹蛺蝶

楊氏淺色小豹蛺蝶
Boloria pales yangi

楊氏淺色小豹蛺蝶是臺灣特有亞種的蝴蝶，過去生存於梨山，但已滅絕。前中興大學昆蟲系教授楊仲圖，1964 年時曾在梨山地區採集到兩隻小蝴蝶，製成標本後就放在中興大學昆蟲標本館裡；幾十年過去，當時還是中興大學學生的顏聖紘教授在整理標本時，意外在標本箱裡看見牠們，並發現這是一個新種，後來便以楊仲圖教授的姓氏，命名為楊氏淺色小豹蛺蝶。

經過比對後，楊氏淺色小豹蛺蝶最近的親戚竟分布在青藏高原。為此我跑到青藏高原去找尋牠的蹤跡，發現牠的棲地是由雙子葉植物組成的高山草原，也就是有著川貝、百合等各種開花植物的草原；但臺灣高山草原幾乎都是箭竹草原，有人說南湖大山是臺灣最後一個可能出現楊氏淺色小豹蛺蝶的地方，我也曾連續五年跑去那裡找尋，卻從未找到。

從楊氏淺色小豹蛺蝶的滅絕與發現的故事，讓我們知道，一種蝴蝶的滅絕，代表的可能是一片草原的消失。

【中名】楊氏淺色小豹蛺蝶（珀豹蛺蝶/龍女寶蛺蝶）

【學名】*Boloria pales yangi*

【特徵】為小型蛺蝶，翅端處有斑駁的紅褐色與黃白色斑紋，後翅腹面近基部有數個不
規則弧形銀斑。

【棲地】分布於中亞、青藏高原、歐洲等地，曾經生存於臺灣的梨山。

馬拉巴綠蛺蝶
Euthalia malapana

綠蛺蝶在臺灣有四種，分別是馬拉巴綠蛺蝶、西藏綠蛺蝶、臺灣綠蛺蝶和甲仙綠蛺蝶，這四種綠蛺蝶都是以地點為名。我第一次在坪林發現西藏綠蛺蝶時，覺得實在太神奇了，感覺就像是一隻外國蝴蝶，因為牠的綠就是道地的西藏綠色。

馬拉巴綠蛺蝶則是臺北市成功高中的「蝴蝶老師」陳維壽，1960年代在臺灣中部馬拉邦原住民部落附近發現，並與一位日本大學教授白水隆共同發表命名。後來臺灣就一直沒有人再發現，一度也被以為是已經滅絕的蝴蝶，但到了1990年代，又被一位日本人內田春男在中橫谷關找到。據說內田春男的「馬拉巴綠蛺蝶發現之旅」耗時多年，一開始是聽說有人在中橫公路發現馬拉巴綠蛺蝶的蹤影，他便在職業捕蝶人的協助下，從太魯閣一路開始找，最後才在谷關找到。

對於追蝶人而言，耗費大量人力、財力與時間，經歷一場驚心動魄的追尋之旅才找到心心念念的蝴蝶，跟一下子就找到牠，哪一種比較好？
我覺得這其實也是一道人生課題：人一生要追求的到底是結果還是過程？

【中名】馬拉巴綠蛺蝶（馬拉巴翠蛺蝶/仁愛綠蛺蝶）

【學名】*Euthalia malapana*

【特徵】前翅中央縱斑帶後緣有一、兩個小點。

【棲地】棲息於臺灣中海拔山區。

【活動月分】主要發生期為7-9月。

【中名】西藏綠蛺蝶（西藏翠蛺蝶 / 窄帶翠蛺蝶 / 杉谷一文字蝶）

【學名】*Euthalia insulae*

【特徵】前翅近翅端斑列有兩枚，後翅中央縱帶窄且外側邊界明顯。

【棲地】分布於臺北盆地以南海拔 200-3,000 公尺山區，以海拔 1,000 公尺以上地區數量
　　　　較多。

【活動月分】一年一世代蝶種；冬季以非休眠性幼蟲越冬，成蟲發生期在 6-10 月。

【中名】臺灣綠蛺蝶（臺灣翠蛺蝶 / 臺灣綠一文字蝶 / 高砂綠一文字蝶）

【學名】*Euthalia formosana*

【特徵】前翅近翅端斑列有三枚，後翅中央縱帶較寬且外側邊界大多不明顯。

【棲地】分布於臺北盆地以南海拔200-1,200公尺左右之淺山地區。

【活動月分】一年一世代蝶種；冬季以非休眠性幼蟲越冬，成蟲出現期為4-11月。

甲仙綠蛺蝶（雄）

【中名】甲仙綠蛺蝶（連珠翠蛺蝶／黃翅翠蛺蝶）

【學名】*Euthalia hebe kosempona*

【特徵】雌蝶後翅中央白縱斑各自獨立不相連；雄蝶翅腹面及背面斑塊呈黃色調。

【棲地】分布於臺灣中海拔山區。

【活動月分】主要發生期為4-10月。

甲仙綠蛺蝶（雌）

...

大紫蛺蝶是蛺蝶科中體型最大的蝶種之一，

翅膀具藍紫色金屬光澤，

喜歡在高空快速飛行。

成蝶喜好吸食樹液及腐果，

以幼蟲狀態於落葉下過冬。

...

正在吸食鳳梨的大紫蛺蝶

大紫蛺蝶

Sasakia charonda formosana

北部橫貫公路沿線在地質學上被稱為雪山山脈北段，在這些陡峭岩壁形成以落葉樹為主的特殊岩生型植被，孕育著許多在臺灣甚至是世界上獨一無二的動物，其中要以名列臺灣瀕臨絕種保育類動物之一的大紫蛺蝶最具代表性。大紫蛺蝶是東亞地區的特有屬，除此之外中國還有一個近緣種——大黑蛺蝶（*Sasakia funebris*）。日本的大紫蛺蝶除了被列入天然紀念物外，1936年日本鱗翅學會還票選大紫蛺蝶為日本國蝶，因此受到日本人的保護，甚至成立專門的公園保護大紫蛺蝶。

大紫蛺蝶分布範圍局限在中國大陸、韓國、日本以及臺灣，共分成四個亞種；臺灣的大紫蛺蝶由於翅膀腹面有明顯的黑色網狀紋，而被認為是一個特有亞種。雌蝶展翅超過十二公分，是臺灣體型最大的蛺蝶。雄蝶翅膀背面有著美麗的紫色鱗片，加上物以稀為貴的心態，使牠遭到大量的捕捉。除此之外，嚴重的棲地破壞使得大紫蛺蝶正一步一步走向滅絕道路。

【中名】大紫蛺蝶

【學名】*Sasakia charonda* formosana

【特徵】展翅 80-100 毫米，口吻黃褐色，軀體背側褐色，腹面黃白色。前翅三角形，後翅扇形，外緣波狀。

【棲地】分布於臺灣中、北部低、中海拔地區。

【活動月分】一年一世代蝶種；成蝶於5-7月出現。

大紫蛺蝶原本在臺灣北部橫貫公路的巴陵一帶有相當大的族群，據木生昆蟲館余清金館長表示，每年6月的大發生期，一天要捉個數百隻絕不成問題。但是近年的研究結果顯示，一天要看到十至二十隻已屬難得，由此可見其族群數量減少之情況相當嚴重。

大紫蛺蝶幼蟲會在落葉堆裡越冬，但一般人看到公園裡有落葉堆會覺得很髒亂，想要掃掉維持乾淨，以為這才是對環境好；但落葉若掃掉，大紫蛺蝶幼蟲也會被移除，第二年可能就看不到了。想要保護一個物種的前提是要先瞭解牠，而不只是用你自以為是的方式去愛牠，否則反而可能害了牠。

大紫蛺蝶是一年一世代的蝶種，每年只出現在5至6月間，幼蟲冬天躲在落葉堆中，隔年春天植物冒新芽時，牠會開始往上爬，但因葉子還未長出來，就善用頭部的Y字，找分岔的樹枝跨在上面睡覺，形成絕佳的偽裝。

大紫蛺蝶的幼蟲，可以很明顯看出頭上有Y
字造型。牠在樹幹旁的落葉堆中越冬，隔年
春天植物發芽時，牠會開始往上爬，但因葉
子還未長出來，就會善用頭部的Y字，找分
岔的樹枝跨在上面睡覺，形成天然的偽裝。

. . .

到有一天，

找到荒木小紫蛺蝶，

你就會突然明白，

其實牠們長得完全不同，

那到底差別有多大？

那　真的就是一種感覺⋯⋯

. . .

荒木小紫蛺蝶

臺灣小紫蛺蝶
Chitoria chrysolora

臺灣小紫蛺蝶的卵具群聚性，雌蝶一次會產上百顆的卵，人們把牠帶回去飼養時很容易把牠們養死，因為牠們不能孤獨生活，被隔離可能會死亡。

臺灣小紫蛺蝶的近似種是荒木小紫蛺蝶，很多書都說臺灣小紫蛺蝶和荒木小紫蛺蝶長得很像，所以追蝶人一直想找到荒木小紫蛺蝶。一開始我也以為牠們長得很像，直到有一天我在梨山終於找到荒木小紫蛺蝶時，才知道原來牠們長得很不一樣。

荒木小紫蛺蝶在中海拔山區數量並不多，很多人一直想養出此蝶，但牠們的幼蟲一直未被發現。有次我幸運地在一棵石朴上找到一隻很像臺灣小紫蛺蝶的幼蟲，養出來後竟是荒木小紫蛺蝶。

追尋蝴蝶的過程，對於常見的蝴蝶我們就不喜歡。因為，追不到的蝴蝶才是最美的。

臺灣小紫蛺蝶（雌）

【中名】臺灣小紫蛺蝶（金鎧蛺蝶）

【學名】*Chitoria chrysolora*

【特徵】雄蝶軀體背側淺黃褐色，腹側黃白色；雌蝶軀體背側暗褐色，腹側白色。前翅三角形，外緣中央內凹，雄蝶翅端突出。

【棲地】分布於臺灣低、中海拔山區的常綠闊葉林。

【活動月分】一年多世代蝶種；成蟲出現於4-11月。

荒木小紫蛺蝶（雌）

【中名】荒木小紫蛺蝶（蓬萊小紫蛺蝶/阿薩密小紫蛺蝶/武鎧蛺蝶）

【學名】*Chitoria ulupi arakii*

【特徵】軀體背側於雄蝶淺黃褐色，腹側黃白色；於雌蝶暗褐色，腹側白色。

【棲地】分布於臺灣海拔1,200-2,000公尺山區。

【活動月分】一年一世代蝶種；成蟲主要發生於6-8月。

荒木小紫蛺蝶幼蟲

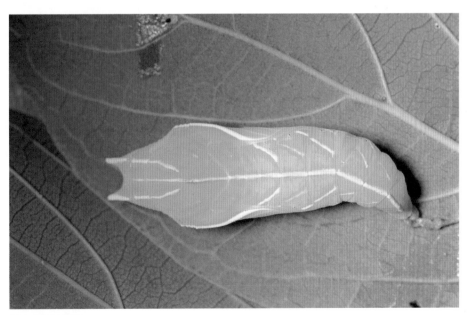

荒木小紫蛺蝶蛹

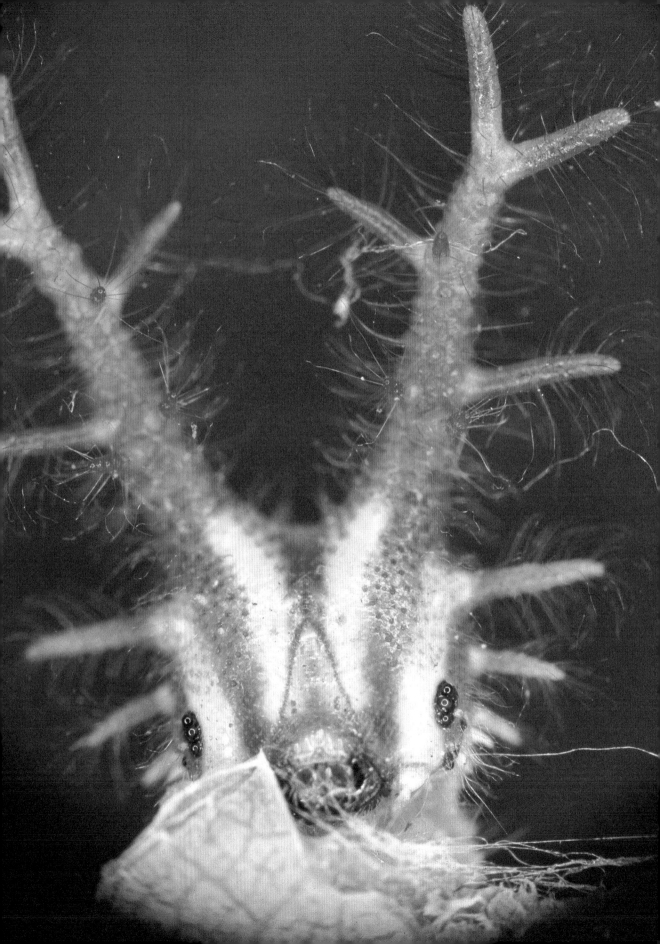

1	2
	3

1. 臺灣小紫蛺蝶
2. 白蛺蝶
3. 紅星斑蛺蝶

...

枯葉蝶是偽裝界的教科書，
一片枯葉應具備的色調、翅脈及形狀，
加上前翅宛如被蟲咬過孔洞的窗室構造，
讓人為枯葉蝶的巧奪天工讚嘆不已。

...

枯葉蝶

枯葉蝶

Kallima inachus formosana

我在南投埔里南山溪拍到這張照片。當時我在喝飲料，喝完順手
把飲料放在一旁，牠就停了下來，看起來像是在吸果汁。

這是「莫非定律」的顯現，也是生態攝影的精髓：「你沒有預料
到的，它會發生，而且遠比你預料的更精采。」

一般人講到枯葉蝶會直覺的說是擬態，但枯葉蝶其實是一種偽
裝。「擬態」指的是動物與動物之間彼此模仿外型，像是蒼蠅人、
蜘蛛人，就是人擬態成蒼蠅或蜘蛛；「偽裝」是會動的東西模仿
不會動的東西，像是模仿成石頭或葉子；保護色則是外型不像，
但顏色融入環境中。

枯葉蝶具有外型上的雙型性：翅膀合起來時像一片枯葉，仔細看
上面還有葉子的病斑、蟲咬過的痕跡或洞洞，甚至葉脈、葉柄也
一應俱全，但是當牠打開翅膀後，卻是漂亮的橘色和紫色。當枯
葉蝶翅膀合起來時是保護色，打開後鮮豔的顏色，則是迷惑嚇唬
天敵之用。

【中名】枯葉蝶（枯葉蛺蝶／木葉蝶）

【學名】*Kallima inachus formosana*

【特徵】翅形宛若一片枯葉，肛角尾突若葉柄，縱貫全翅斑紋線葉脈。

【棲地】分布於臺灣本島，棲息在常綠闊葉林，高大喬木樹幹上也是偏好。

【活動月分】一年多世代蝶種；成蝶越冬，春天的南投埔里南山溪可看到不少忙著產卵
　　　　　的母蝶。

雖名為枯葉蝶，但其實牠不常停在枯葉，反而喜歡停在樹幹上吸樹液。對人類而言，一片枯葉停在樹幹上很明顯，又很違和，想不通牠為什麼會這樣？或許人類想得太複雜了，枯葉蝶只是想要好好飽餐一頓。

枯葉蝶以成蟲越冬，但牠是單隻躲在落葉堆裡。枯葉蝶還有一個特色，就是從來不把卵直接產在寄主植物上，而是產在寄主植物附近的植物、樹上或石頭上。有一次甚至將卵產在我的鞋子上。

從人類的角度來看，會認為牠怎麼這麼笨，幼蟲不是會很累？找不到食物？但是牠就是有點像從小訓練幼蟲要吃苦耐勞的行為。或許有時候麻煩的事，才是最好的事。

雙尾蛺蝶
Polyura eudamippus formosana

雙尾蛺蝶有兩對尾突，是一種起源於非洲的蝴蝶，最酷的是牠們不只成蝶有兩對尾突，幼蟲頭部也有兩對角，像一隻小恐龍，很受到大家的喜愛。

牠們的飛行速度非常快，是最強壯的蝴蝶之一。我高中第一次抓到牠時，覺得牠渾身都是肌肉，很有力，甚至有抓不住牠的感覺。幼蟲因為長得像小恐龍，三不五時就會有人傳幼蟲照片給我看，且每隔一段時間就會在網路上流傳。每個人看到後，幾乎沒有例外都覺得怎麼會有這麼像恐龍的生物？

雙尾蛺蝶幼蟲量少，且均勻地分布在全臺灣，因此不易被發現。每個第一次找到雙尾蛺蝶幼蟲的人，通常都會興奮大叫：「終於找到了！」

【中名】雙尾蛺蝶（大二尾蛺蝶/雙尾蝶）
【學名】*Polyura eudamippus formosana*
【特徵】軀體背側褐色，腹側白色。前翅三角形，前緣弧形，外緣內凹。
【棲地】分布於臺灣低、中海拔地區。
【活動月分】一年多世代蝶種；成蟲於5-10月出現。

雙尾蛺蝶的幼蟲神似小恐龍。

後翅亞外緣有藍色的光澤，後翅有兩根尾突。

【中名】姬雙尾蛺蝶（二尾蛺蝶/榆雙尾蝶/淡綠雙尾蛺蝶/雙尾蝶）

【學名】*Polyura narcaea meghaduta*

【特徵】有兩個尖長的尾突，前翅腹面近翅端處無黑色橫斑。

【棲地】分布於低、中海拔地區。

【活動月分】一年多世代蝶種；成蟲於4-10月出現。

雌黑黃斑蛺蝶

Cupha erymanthis androdamas

雌黑黃斑蛺蝶的卵產在捲葉象鼻蟲的蟲巢裡，早期的捕蝶人會把植物的葉片用釘書機釘捲起來，讓雌黑黃斑蛺蝶在上面產卵，加以飼養成蝶以獲得完整無缺的標本。

很多蝴蝶都是性雙型，雌黑黃斑蛺蝶的雄蝶和雌蝶差異極大，過去曾被誤以為是不同種的蝴蝶，後來才發現只是雄蝶和雌蝶差異。很多蝴蝶也都有過這樣的情形，像是端紫斑蝶可能被命名過好幾十次。有各種不同的學名，這個被稱為是生物分類學上的同物異名（Synonyms）。

【中名】雌黑黃斑蛺蝶（黃襟蛺蝶/柞蛺蝶/魯花黃斑蝶）
【學名】*Cupha erymanthis androdamas*
【特徵】前翅中央有一淺色斜帶紋，腹面有一縱貫全翅的深色帶紋。
【棲地】分布於臺灣平地至海拔1000公尺左右淺山地區。
【活動月分】多世代蝶種；除冬天外，全年可見成蝶及各蟲期。

雌黑黃斑蛺蝶（雌）

雌黑黃斑蛺蝶（雄）

雌黑黃斑蛺蝶的卵產在捲葉象鼻蟲的蟲巢裡。

流星蛺蝶

Dichorragia nesimachus formosanus

流星蛺蝶成蝶的翅膀表面藍黑色散布白色斑點，很像夜晚的流星，因而得名。

流星蛺蝶又叫墨蝶，因為牠翅膀顏色很黑，像墨汁一樣；不過牠也像紫斑蝶一樣有幻色，拍動翅膀時，經由光線的折射和觀看的角度不同，翅膀顏色也會有變化。

幼蟲則是偽裝高手，長得很像枯葉，會把寄主山豬肉葉片咬成細碎後吐絲垂掛，遠看有點像門簾，幼蟲就躲在裡面。其偽裝的習性跟許多蛺蝶科的幼蟲近似。幼蟲的頭部特寫很像小丑，遠看像枯枝，可以保護自己免於被敵人發現。

【中名】流星蛺蝶（電蛺蝶/墨蝶）
【學名】*Dichorragia nesimachus formosanus*
【特徵】翅膀表面藍黑色散布白色斑點，後翅近外緣有一列黑色圓斑，翅腹面與翅面斑紋略同。
【棲地】分布於臺灣平地至海拔 2,500 公尺山區。
【活動月分】一年多世代蝶種；4-10 月可見。

流星蛺蝶幼蟲

...

喜歡住在陰暗處的眼蝶，
卻終其一生追逐森林裡的光點，
然後在矛盾中成長、茁壯、死去。

...

阿里山褐蔭蝶

阿里山褐蔭蝶
Lethe gemina zaitha

阿里山早期是臺灣高山蝶的聖地，許多蝴蝶都是在這裡被發現，所以有不少蝴蝶都被命名為阿里山。像是阿里山小灰蛺蝶、阿里山褐蔭蝶、阿里山黃斑弄蝶等。由於阿里山開發得早，很多研究蝴蝶的人第一個去的高山就是阿里山，所以很多蝴蝶的全模式標本都是在阿里山找到的。但因為阿里山幾乎都已開發成茶園或遊樂園，後來的人都找不到這些蝴蝶了，反而是在別的地方發現。

蛇目蝶通常有很多的眼斑，阿里山褐蔭蝶眼斑很少，且眼斑帶點紫色，也是蛇目蝶中少數翅膀橘色的蝶種。成蟲的飛行方式很像松鼠，總是在不同樹葉間跳來跳去，儼然是蝴蝶中的跳遠選手。

我是在南投梅峰拍到牠，臺大在這裡設有梅峰實驗農場。這裡的鳥很歐洲，蝴蝶很日本，很青藏高原，但森林卻又很臺灣。

昆蟲的卵一般來說都是在圓形的基礎上進行一些變化，但阿里山褐蔭蝶卻發展出了昆蟲界中獨一無二的鑽石形卵，有種低調奢華的感覺；而且牠會把卵下得像牙齒一樣排成一排，幼蟲走路也會排隊。

阿里山褐蔭蝶擁有獨一無二的鑽石形卵。

所謂全模式標本是一隻蝴蝶被命名為新種時，會找一隻來代表定模。因為有時候命名者會把同種的蝴蝶認為不同種，有時則是好幾種蝴蝶被當成同一種，這時就要靠全模式標本來確認，以避免搞錯。

【中名】阿里山褐蔭蝶（巒斑黛眼蝶）
【學名】*Lethe gemina zaitha*
【特徵】翅底橘色，翅腹面僅一條深色曲帶，眼紋稀疏，後翅外緣中段無眼紋。
【棲地】分布於臺灣中海拔山區。
【活動月分】一年一世代蝶種；成蝶於5-11月出現。

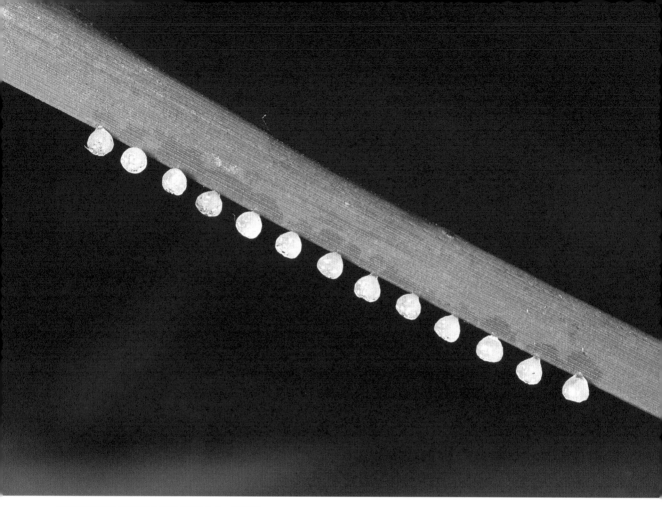

雌蝶產卵時會沿著寄主植物將卵排成一列產下。

幼蟲有群聚性，冬季不休眠，會繼續進食。

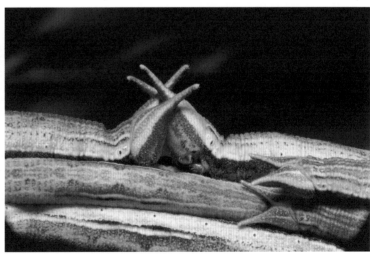

阿里山褐蔭蝶的蛹。 　　阿里山褐蔭蝶的幼蟲。

白尾黑蔭蝶

Zophoessa dura neoclides

大家都覺得蝴蝶很漂亮，但是看到蝴蝶的幼蟲，又覺得很可怕。
有一次我在幫幼蟲拍大頭照時，意外發現蝴蝶幼蟲的頭部特寫很
可愛。

這應該就是所謂的「瞭解」。當你還不瞭解一個人時，你可能覺
得對方並不怎麼樣，但透過觀察、相處、彼此瞭解，漸漸地會覺
得他還不錯，也開始喜歡他，甚至於愛上他。

當你喜歡上牠時，也希望別人喜歡牠，就會想要把牠跟別人也喜
歡的東西連結在一起。日本動畫電影《龍貓》深受許多人喜歡，
把蝴蝶幼蟲和龍貓聯想在一起，講久了別人也會喜歡上牠，有點
像是在幫蝴蝶發聲，講一點好話。

有人說蝴蝶像是會飛的花朵或畫布，但深入研究後就會發現，牠
的幼生期也有不為人知的美，是我認為蝴蝶最迷人的地方。醜陋、
未成熟的奮鬥過程，比結果更動人。

在拍蝴蝶幼蟲的時候，我都覺得牠正在看著我。這就是拍照人的
心境，我們拍一個人時，也要融入他的世界。昆蟲不會講話，拍
出來的照片有沒有意境或生命力，取決於拍照者賦予牠的想像。

【中名】白尾黑蔭蝶（大幽眼蝶／黛眼蝶）

【學名】*Zophoessa dura neoclides*

【特徵】翅膀背面黑褐色，後翅具有短小的尾突，邊緣有一列眼紋。

【棲地】分布於臺灣中、高海拔山區，常見於林蔭處活動。

【活動月分】主要發生在6-10月。

白尾黑蔭蝶的卵

白尾黑蔭蝶的幼蟲

白尾黑蔭蝶的幼蟲

白尾黑蔭蝶的蛹

白尾黑蔭蝶的幼蟲頭部，看起來
像不像是電影裡的「龍貓」？

森林裡的活寶石

小灰蝶

Lycaenidae

/

臺灣有近百種的小灰蝶，是臺灣最多的蝴蝶類群，研究蝴蝶的人，剛開始會先研究大型的鳳蝶和粉蝶，但最後會一頭栽入小灰蝶的世界，因為小灰蝶有很多未解謎。

小灰蝶因為體型小，常被人們所忽略。但牠就像是寶石，雖然小小的，卻很珍貴美麗。

淡青雀斑小灰蝶

Phengaris atroguttata formosana

小灰蝶幼蟲為了尋求和螞蟻這類高度社會化、擁有強大防禦能力的軍團合作，讓自己免受天敵侵害，牠們身上布滿了各種與螞蟻進行化學溝通的喜蟻器（Myrmecophilous organs）。灰蝶科喜蟻器除第七腹節背板中央處有如蚜蟲所分泌蜜露般功能的「蜜腺（Dorsal nectary organ, DNO）」外，有些在第八腹節兩側還有成對的「觸手器（Tentacle organ, TOs）」；另有不少灰蝶雖無上述兩種腺體卻仍受螞蟻照顧，但在特定區域表面的「鐘狀孔（Pore cupolae, PCOs）」顯微結構也是喜蟻器。

世界上已知近五千種灰蝶中有超過75％和螞蟻出現不同程度的共生關係。但只有大約兩百種灰蝶能進入蟻巢內生活。分布於歐亞大陸溫帶區的大藍小灰蝶屬（Maculinea）及亞洲東方區的雀斑小灰蝶屬（Phengaris），便是少數有著巢內絕對性寄生關係（obligate parasite）的蝶種。

臺灣目前已知兩種和大藍小灰蝶有著相同生態的是淡青雀斑小灰蝶及白雀斑小灰蝶。
淡青雀斑小灰蝶分布局限在阿薩姆、緬甸、中國西南方的四川、雲南，臺灣的族群則分布於全島1,400-2,400公尺的中高海拔山區；白雀斑小灰蝶則由Wileman在1908年發表採自嘉義縣大同山（塔

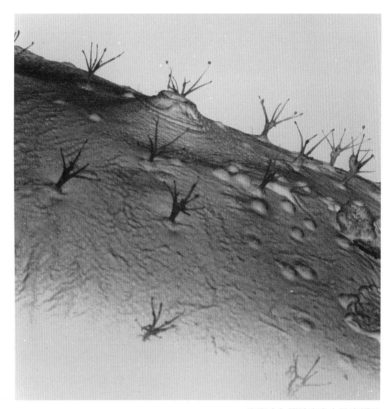

雀斑小灰蝶幼蟲身上的喜蟻器

山）的個體，為臺灣特有種；分布範圍主要在全島 1,400-1,800 公
尺中海拔山區。兩者皆為活躍於霧林帶的森林性蝶種，淡青雀斑
小灰蝶 6-7 月間為發生高峰期；白雀斑小灰蝶出現時間較晚，夏
季 8-9 月間為發生高峰期。

雀斑小灰蝶大多將卵單顆產在中間寄主植物花苞上。淡青雀斑小
灰蝶寄主植物為三屬四種唇形科植物：風輪菜、疏花塔花、蜂草
及毛果延命草；白雀斑小灰蝶以龍膽科臺灣肺形草作為唯一寄主。

雀斑小灰蝶孵化後幼蟲經過約十至二十天的生長，白雀斑小灰蝶幼蟲體長已達 4.58＋0.3 毫米，背側及側方會出現許多指狀肉突；喜蟻器在第七腹節背方有蜜腺；特定區域則密集生長著花瓣狀毛（petal-like setae）及倒披針狀毛（oblanceolate-like setae）。淡青雀斑小灰蝶體型明顯較小，身體紅色；喜蟻器除蜜腺，特定區域還密生著蕈狀毛（mush room-like setae）顯微結構。

此時牠們會吐絲降至地面，靜待寄主蟻前來將牠們帶到蟻巢內，此階段被稱為收養期（adoption period）幼蟲；這也是幼蟲生死存亡的重要時刻，如果不設法進入蟻巢，牠們會在二至四天內死亡。當家蟻發現淡青雀斑小灰蝶幼蟲時，觸角的頻繁探索會引發其分泌蜜露供取食，但這只是小灰蝶幼蟲所布下的陷阱。緊接著幼蟲會將身體向背方慢慢拱起進行擴胸行為，這會促使家蟻探索並引發其咬住胸部將之帶回蟻巢中。

對於這樣的收養行為，學者指出，大藍小灰蝶幼蟲能夠分泌類似螞蟻用來辨識幼蟲的接觸費洛蒙（touch pheromone）；大藍小灰蝶屬幼蟲分泌的物質應為家蟻屬接觸費洛蒙中的基礎費洛蒙（basic pheromone）；此種物質具有屬（genus）階層的專一性。

但令人訝異的是，白雀斑小灰蝶幼蟲卻無法引起家蟻太多注意力，家蟻大多無視於幼蟲的存在，即使幼蟲產生蜜露及擴胸行為，對家蟻亦無顯著吸引力，僅少數個體出現取食蜜露。即使產生收養行為，接受部位亦不限定在胸部，顯示擴胸行為和收養行為間相關性不高。相關研究顯示，大藍小灰蝶幼蟲進入蟻巢方式分為由螞蟻攜入或幼蟲自行爬入。學者認為，大藍小灰蝶之所以會自行爬入家蟻巢是在暴露且不自然的環境下，並不能代表野外實際

【中名】淡青雀斑小灰蝶

【學名】*Phengaris atroguttata formosana*

【特徵】雄蝶翅背面布滿金屬光澤的水藍色鱗片，雌蝶翅背面散布許多黑斑，藍色鱗片
　　　　集中生長於翅基部，腹面前翅中室中段及後翅基部有黑斑。

【棲地】分布於臺灣中、高海拔山區。

【活動月分】6-7月間為發生高峰期；以幼蟲狀態越冬，4月初可見到體型中等的終齡幼
　　　　　　蟲，5月底開始出現大型的終齡幼蟲，6月間陸續出現化蛹情形。

狀況。所以白雀斑小灰蝶是否會自行爬入蟻巢內，尚待未來進一步野外調查來驗證。

雀斑小灰蝶幼蟲進入蟻巢後，會把肥嫩多汁的家蟻幼體期當作營養來源，這是一種罕見的從植食性轉為肉食性的食性轉換（host shift）現象。令人深感意外的是：寄主蟻不但不會加以阻止，甚至還若無其事的一邊取食幼蟲蜜露，並不時幫牠們清理身體。此外，淡青雀斑小灰蝶還會經由接觸寄主蟻口器，模擬螞蟻幼蟲的乞食行為（begging behaviour）來獲取營養。

隨著冬季來臨，幼蟲索食的情況愈來愈少，並爬進蟻巢底層深處躲避寒冬。隔年春天隨著蟻巢逐漸壯大，雀斑小灰蝶幼蟲會開始恢復取食。夏季來臨，淡青雀斑小灰蝶終齡後期幼蟲體型會宛如吹氣球般腫脹，白雀斑小灰蝶則變成有如螞蟻幼蟲般圓滾滾的「C」形螬蟲狀。此時雀斑小灰蝶幼蟲彷彿早已被設定好的程式般開始向蟻巢出口上層處逼近，並選擇最有利的位置化為一個個有如俄羅斯玩偶造形般，體長約 14.02 ＋ 0.61 毫米的黃褐色長筒形蛹。此時蛹體密布顯微結構的水螅狀毛仍扮演著喜蟻器功能，引發螞蟻持續的探索照顧行為。

經過二至三週後成蝶雖已發育完成，在完全沒有喜蟻器護體的雀斑小灰蝶，必須經歷待在家蟻巢內漫長十個月生命歷程中最後也最危險的一刻：初羽化的成蝶要以最快速度離開蟻巢，才不會被螞蟻吃掉。

【中名】白雀斑小灰蝶

【學名】*Phengaris daitozana*

【特徵】翅背面白色，腹面前翅中室中段及後翅基部無黑斑。

【棲地】分布於臺灣中、高海拔山區。

【活動月分】夏季8-9月間為發生高峰期，較低的中海拔山區最早在6月便可見到成蝶；
以幼蟲越冬，5月仍可見終齡初期幼蟲，7月則陸續出現蛹。

淡青雀斑小灰蝶

正在產卵的白雀斑小灰蝶

淡青雀斑小灰蝶幼蟲正努力從卵中爬出來。

聰明的雀斑小灰蝶找螞蟻兵團當保鑣來保護自己。

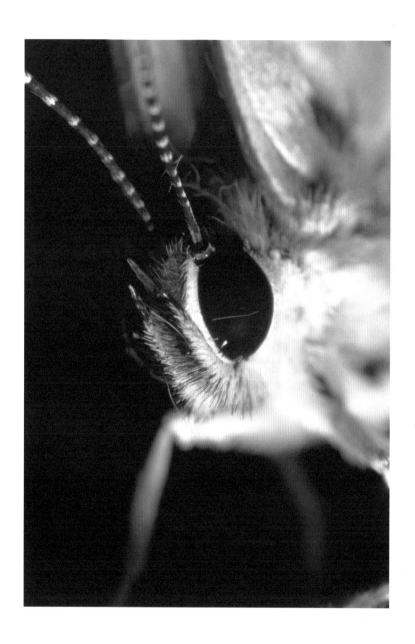

淡青雀斑小灰蝶羽化時會盡快離開蟻巢，
以免被螞蟻攻擊。

…

想見你一面真不簡單。

你喜歡隱居雲霧中，

太陽露臉的剎那才會現蹤，

而我必須抱著夸父追日的精神，

一直追、一直追、一直追……

…

夸父綠小灰蝶

夸父綠小灰蝶

Sibataniozephyrus kuafui

在世人眼中，臺灣是個晶圓代工全球第一，積體電路設計世界第二，積體電路產業規模全球第四的「科技島」。但另一個較不為人所知的事實是，臺灣在 1950-1975 年間曾有著獨步全球的蝴蝶加工產業。當時中臺灣埔里鎮以蝴蝶加工業而聞名國際，鼎盛時期鎮上共有四十七家蝴蝶商店。余木生所創立的「木生昆蟲採集所」，1950 年在次子余清金的經營下開始拓展日、美外銷，最多有近兩千位捕蝶人協助採集標本，數百位作業員則以蝴蝶維生。1970 年以後，北投王生鏗所製作的「蝶翅貼畫」更熱銷世界各國，在 1968-1975 年間，以每年 1,500 萬到 5 億隻的數量出口賺進豐厚外匯，因此讓臺灣有另一個美譽「蝴蝶島」。根據統計資料顯示，當時的蝴蝶外銷總值竟高達 3,000 萬美元。

這個面積不到世界萬分之三的小島上有將近四百種蝴蝶，其中不乏珍貴稀有的蝶種，一群被譽為「森林中的活寶石」的翠灰蝶（又名綠小灰蝶）家族，牠們身上因為閃耀著有如各種不同顏色寶石般的耀眼光澤，長久以來是蝴蝶研究者及收藏家們夢寐以求的蝶中極品。這些翠灰蝶族成員之所以會如此的稀有且難得一見，在於牠們生活的山地霧林帶僅在夏季短短幾個月較為溫暖，因此牠們皆為一年一世代蝶種；加上棲息地氣候陰晴不定，一年平均有

【中名】夸父綠小灰蝶（夸父璀灰蝶/插天山綠小灰蝶/臺灣柴谷灰蝶）

【學名】*Sibataniozephyrus kuafui*

【特徵】翅腹底白色，後翅兩條寬黑帶。雄蝶翅背面水藍色調。

【棲地】分布範圍狹窄，局限在臺灣北部與東北部有臺灣水青岡的中海拔山區。

【活動月分】以卵越冬，成蟲只在5-6月於寄主植物附近活動。

近九個月在下雨，且往往只有早上短短幾個小時才可見到陽光露臉。最重要的是，翠灰蝶家族成員不常訪花，一生中大部分時間都只待在各種高大的殼斗科植物樹冠層頂端活動。

距離臺北大都會人潮擁擠的地標建築物「臺北 101」車程不到四十分鐘的北插天山，是這些翠灰蝶族的重要棲息地之一。在這片北臺灣雪山山脈的山地霧林帶裡，孕育著無數珍貴的野生動物，其間仍不時會傳來臺灣黑熊低沉的吼聲，山羌驚慌走避時發出一連串如狗吠般的叫聲，受到驚嚇的白面鼯鼠匆忙展開四肢間的薄翼劃過夜空的剪影，臺灣特有種藍腹鷳慌張的從草叢中振翅飛逃，留下幾片在空氣中不時閃現著藍光的羽毛……

亞熱帶的臺灣因為日照充足且降雨量充沛，並不適合像是山毛櫸這種常見於美國、日本及中國北方溫帶落葉森林的形成。但是在雪山山脈北段北插天山頂上，卻存在著一片冰河時期殘留下來，綿延約 9 公里長的臺灣山毛櫸純林。由於其分布範圍狹隘，這片森林在 1992 年便被劃為「插天山自然保留區」。以往蝴蝶研究者一直以為，只有日本才有這類以山毛櫸為寄主植物的翠灰蝶，直到 1992 年才由現任職於師範大學的教授徐堉峰，發現在臺灣也存在著這種依賴落葉森林而生的臺灣特有種蝴蝶夸父綠小灰蝶（*Sibataniozephyrus kuafui*）。

由於北插天山受到冬季期間的東北季風影響甚劇，全年降雨量可達 3290 毫米，所以本區向以終年雲霧繚繞著稱。因此在夸父綠小灰蝶出沒的 5、6 月間，太陽露臉的時間是屈指可數。有鑑於這段追蝶過程必須走過一段艱苦的山路，以及這種蝴蝶有喜歡逐日而飛的習性，於是便把此蝶以中國神話中的夸父作為學名。

夸父綠小灰蝶的卵

夸父綠小灰蝶的幼蟲

夸父綠小灰蝶的蛹

【中名】臺灣單帶小灰蝶（鉈灰蝶／軛灰蝶）

【學名】*Euaspa milionia formosana*

【特徵】成蟲前翅略為三角形，前緣及外緣稍微弧形，後翅為扇形，肛角處有一葉狀突，
外緣後端有一細長尾突。

【棲地】分布於臺灣中、北部的中海拔山區。

【活動月分】一年一世代蝶種；卵越冬，在5-8月可見到成蟲於寄主植物附近活動。

【中名】玉山綠小灰蝶（翠灰蝶）

【學名】*Chrysozephyrus disparatus pseudotaiwanus*

【特徵】前翅背面外緣黑邊細，雄蝶綠鱗帶黃色調；雌蝶橙藍雙色斑紋大多皆有，但亦有變異情形，甚且有無紋個體。

【棲地】廣泛分布於臺灣海拔 1,500-2,500 公尺山地。

【活動月分】一年一世代蝶種；卵越冬，成蟲出現於 5-8 月。

寬邊綠小灰蝶

Neozephyrus taiwanus

寬邊綠小灰蝶是臺灣特有種，具翠綠與深藍交錯的亮麗幻色，甚至遠在百米之外都可清楚看見其閃光。翠灰蝶族成員的雄蝶大多具有強烈的領域行為，以兩兩繞飛纏鬥的方式，在清晨天剛亮的時候爭奪射入霧林帶的珍貴光線資源。為了拍攝牠們的身影，我得摸黑在森林裡前進，趕在牠們還沒開始活動之前抵達，因為等到陽光普照霧林帶，牠們就會展翅高飛，讓人再無機會接近。

綠小灰蝶類通常居住在高高的樹冠層，離人很遠，但是寬邊綠小灰蝶可說是與人最親近的綠小灰蝶，因為牠們喜歡在地上吸水，展示給人看也不害怕。

【中名】寬邊綠小灰蝶（臺灣橙翠灰蝶/臺灣翠灰蝶）
【學名】*Neozephyrus taiwanus*
【特徵】雄蝶前翅背面綠色調，外緣黑帶寬特別是在翅端部。雌蝶前翅有一大塊藍色區域，端部有兩個橘色點斑。
【棲地】分布於臺灣海拔 1,000-3,000 公尺的山區。
【活動月分】成蟲發生期在 5-10月。

歪紋小灰蝶

Amblopala avidiena y-fasciata

歪紋小灰蝶的翅腹面底紅褐色，前翅外側有一灰白色線，後翅外側有不明顯之灰白色弧線，翅中央有一 Y 字型的叉狀灰白色帶紋。這特殊的 Y 字斑紋在枝條上形成偽裝的效果。

蝴蝶裡面最喜歡走路的就是歪紋小灰蝶，雌蝶會花費大量時間在枝條上爬行產卵。休息時會找分岔的樹枝停下來，Y 紋與分岔的樹枝很像，是最好的偽裝（這和幼蟲頭部有 Y 字型，睡覺時喜歡把頭跨在分岔 Y 型樹枝上的大紫蛺蝶一樣，都是 Y 字偽裝高手）。

此蝶是少數以蛹越冬的小灰蝶，因此也是在春天最早羽化的蝴蝶之一。

【中名】歪紋小灰蝶（尖灰蝶/Y灰蝶）
【學名】*Amblopala avidiena y-fasciata*
【特徵】後翅腹面中央有一呈Y字型的寬帶，肛角處有一柄狀寬尾突。
【棲地】分布於臺灣海拔500-2,000公尺之間的山地。
【活動月分】一年一世代蝶種；成蟲出現於春季2-4月之間。

歪紋小灰蝶是春蝶之一。

臺灣紅小灰蝶

Cordelia comes wilemaniella

臺灣紅小灰蝶在空中飛翔的時候，容易和紅邊黃小灰蝶搞混，追
蝶人通常就是抓、抓、抓，終於抓到臺灣紅小灰蝶當然就會很高
興；但多數時候是空歡喜一場，因為：紅邊黃小灰蝶是一種陰魂
不散的蝴蝶。

牠雖然叫作臺灣「紅」小灰蝶，卻是綠小灰蝶家族成員。牠也喜
歡走路，不愛飛行，很多小灰蝶都有這個習性。

綠小灰蝶家族成員特色是體型小，但卵很大顆。牠們夏天產卵，
不久後幼蟲就會在裡面變成一齡幼蟲，不過牠們並不急著出來，
而是繼續待在裡面，直到隔年春天才會破殼而出。

所以對幼蟲而言，卵就像是房子，因此牠的卵構造精細，有助於
防水透氣。牠們的卵所處環境如果沒設定好，幼蟲很容易會死
亡。日本人為了照顧幼蟲，還使用維持溫控的特殊冰箱來照顧牠
們，等到春天來臨再催生幼蟲。

【中名】臺灣紅小灰蝶（珂灰蝶）

【學名】*Cordelia comes wilemaniella*

【特徵】後翅紅邊上嵌有一列U型白色線紋，翅底橘紅色。

【棲地】分布於臺灣中、高海拔山區。

【活動月分】一年一世代蝶種；卵越冬，在5-8月可見到成蟲。

【中名】紅小灰蝶（臺灣焰灰蝶/臺灣黃灰蝶）

【學名】*Japonica patungkoanui*

【特徵】翅底橘紅色，後翅腹面中央有兩條銀色縱帶，肛角處有一眼狀紋。

【棲地】分布於臺灣全島海拔800-2,500公尺左右山地。

【活動月分】一年一世代蝶種；卵越冬，成蟲見於5-7月。

【中名】寶島小灰蝶（赭灰蝶／寶島灰蝶）

【學名】*Ussuriana michaelis takarana*

【特徵】翅腹外緣與翅面相同為鵝黃底色，翅背面黑褐色。

【棲地】分布於臺灣桃園至屏東縣之間中央山脈海拔約500-1,500公尺間的溪谷崩塌地。

【活動月分】一年一世代蝶種；成蟲4-5月發生。

紅邊黃小灰蝶

Heliophorus ila matsumurae

紅邊黃小灰蝶分布極廣，從平地到高海拔都可適應，因此成為小灰蝶中的「搗蛋者」。追蝶人的夢想通常是找到綠小灰蝶或者是稀有新種，但小灰蝶在空中看起來都很像，常常很興奮以為看到稀有種，一抓下來才發現又是「紅邊黃小灰蝶」。雖然因為數量多，是很多人不想看到的最普通蝴蝶，但牠其實很特別。紅邊黃小灰蝶很愛親近人，甚至會停在人的肩膀上吸汗液。剛開始你可能很討厭牠，後來卻發現牠每天跟著你去做研究，就像是如影隨形的老朋友。

至於蝴蝶為什麼會吸汗？那就跟吸泥水行為一樣。我們看到吸水的蝴蝶，不管是在溪邊或者地面上，通常都是雄蝶，牠們必須吸食鹽分和礦物質，甚至是阿摩尼亞，以便讓牠們性成熟，這些物質就像牠們的威而鋼。這也是為什麼有人說在溪邊要抓蝴蝶，最快的方式就是灑一泡尿。

【中名】紅邊黃小灰蝶（紫日灰蝶／濃紫彩灰蝶）

【學名】*Heliophorus ila matsumurae*

【特徵】翅腹面黃底，外緣有紅色寬帶，雄蝶前翅背面有大型藍紫色物理光澤斑塊；雌蝶前翅背面有大型橘色斜帶紋。

【棲地】臺灣平地分布至海拔 2,500 公尺山地。

【活動月分】一年多世代蝶種；成蟲及各蟲期全年可見。

雙尾琉璃小灰蝶
Hypolycaena kina inari

雙尾琉璃小灰蝶以蘭花為食物，每次看到這蝴蝶，都會很想仔細分辨，因為牠跟淡褐雙尾琉璃小灰蝶長得很像，只是淡褐雙尾琉璃小灰蝶的斑紋帶點褐色。

淡褐雙尾琉璃小灰蝶已經快一個世紀沒有在臺灣被發現了，牠也是吃蘭花的蝴蝶，滅絕的可能原因之一是臺灣蘭花被大量採摘，導致牠的寄主植物消失。蘭花絕種，伴隨著可能就是以它為食的蝴蝶滅絕。

小灰蝶一生大多數生活在樹頂樹冠層，以至於我們即使走在森林裡，也看不到牠們。

除了淡褐雙尾琉璃小灰蝶，還有另一種小灰蝶也跟牠長得很像，就是黑星琉璃小灰蝶，但其實這兩者之間並無血緣關係。

$\dfrac{1}{2}$

1.雙尾琉璃小灰蝶

2.雙尾琉璃小灰蝶幼蟲

【中名】雙尾琉璃小灰蝶（蘭灰蝶／蒲灰蝶）

【學名】*Hypolycaena kina inari*

【特徵】前翅腹面中央外側縱帶兩列，後翅腹面前緣有兩點，後翅尾端有尾突。

【棲地】分布於臺灣全島海拔200-2,000公尺左右山地，以低海拔地區數量較多。

【活動月分】一年多世代蝶種；但集中於3-8月間。

黑星琉璃小灰蝶幼蟲

【中名】黑星琉璃小灰蝶（鈿灰蝶／安灰蝶）

【學名】*Ancema ctesia cakravasti*

【特徵】翅腹面縱帶由短紋列組成，雄蝶翅背面中央有一大黑圓斑。

【棲地】分布於臺灣海拔 500-2,000 公尺的山區。

【活動月分】一年多世代蝶種；除了冬季之外，均可見成蝶。

黑星琉璃小灰蝶

拉拉山三尾小灰蝶

Horaga rarasana

拉拉山三尾小灰蝶是臺灣特有種，除了北橫拉拉山一帶的山區，近年我也在中橫碧綠神木一帶觀察到穩定的族群。三尾小灰蝶家族是一類起源於熱帶的蝴蝶，拉拉山三尾小灰蝶是少數分布在高山霧林帶的三尾小灰蝶，牠像是腳上穿著黑白長襪，身披白色滾褐邊長裙，有著白色的眼影，還有一個小翹鼻的可愛小女生。

牠的尾突有三個，所以叫作三尾小灰蝶。其尾突會隨微氣流而擺動，讓天敵以為是觸角，尾突旁邊有眼斑形成「假頭」，讓鳥以為是真頭，在遭到攻擊時逃過一劫。過去曾有人發現，很多小灰蝶尾突被破壞的缺口，就跟鳥喙形狀一致，甚至有些小灰蝶失去了尾突，證明鳥吃掉的是牠們的假頭。幼蟲全身長滿肉突，像剛發的嫩芽，有助偽裝隱身在嫩葉中。

$\dfrac{1}{2}$

1.拉拉山三尾小灰蝶

2.拉拉山三尾小灰蝶幼蟲

【中名】拉拉山三尾小灰蝶（拉拉山鑽灰蝶／斜條斑灰蝶）

【學名】*Horaga rarasana*

【特徵】翅腹底白色，有一深色寬帶縱貫翅面，後翅腹面外緣有一列鑲褐邊的藍色斑列。

【棲地】分布於臺灣北部新北市、桃園市、宜蘭縣相交處及中橫碧綠神木。

【活動月分】一年一世代蝶種；成蟲於6、7月間出現。

姬三尾小灰蝶

Horaga albimacula triumphalis

姬三尾小灰蝶是小型灰蝶,前翅長約 14-16 毫米。後翅頗圓,尾端有三根尾突。翅背底黑褐色,前翅中央有一大白斑。雄蝶前翅基半部及後翅有淺藍色亮鱗,但範圍變異頗大。

不少種類小灰蝶的腳會黑白相間,彷彿穿上黑白長筒襪,滿符合小灰蝶的嬌柔氣質,經常可見牠們在葉子上踱步。

三尾小灰蝶和姬三尾小灰蝶,兩者長得很像。野外常見到的是姬三尾小灰蝶,三尾小灰蝶的數量比姬三尾少很多。由於幼蟲幾乎長得一樣,所以養牠們的人就像是樂透開獎,一直不斷地養,看看有一天是否能養出一隻三尾小灰蝶。

$\dfrac{1}{2}$

1. 姬三尾小灰蝶
2. 姬三尾小灰蝶幼蟲

【中名】姬三尾小灰蝶（小鑽灰蝶/白斑灰蝶）

【學名】*Horaga albimacula triumphalis*

【特徵】前翅中央白斑較小，雄蝶翅背面深褐色，後翅腹面中段至外緣大多無白霜狀紋。

【棲地】分布於臺灣平地至海拔約2,500公尺的山地。

【活動月分】一年多世代蝶種；成蟲及各蟲期均全年可見。

銀帶三尾小灰蝶
Catapaecilma major

銀帶三尾小灰蝶是一種低密度廣泛分布在全臺各地的熱帶蝶種，這樣的分布習性和牠早期被紀錄屬於雜食性的蝴蝶有關。雖然如此，銀帶三尾小灰蝶的幼蟲卻不易找到。直到有一次我在臺中大坑調查，發現在舉尾蟻巢附近有一隻銀帶三尾小灰蝶爬來爬去，並把卵產在樹幹上。當我們想要把牠的卵帶回去觀察時，突然出現一隻舉尾螞蟻把那顆卵叼走，我們才知道原來牠也是與螞蟻共生，之前的觀察紀錄都是錯的。

我們後來破了蟻巢，發現牠的卵都在裡面，就像雀斑小灰蝶與螞蟻共生一樣。但是雀斑小灰蝶幼蟲是採取欺騙螞蟻的策略，而銀帶三尾小灰蝶幼蟲則把自己全身武裝成盔甲，像是「螞蟻的乳牛」介殼蟲，讓螞蟻不能攻擊牠，是一種片利共生行為。

$\dfrac{1}{2}$

1. 銀帶三尾小灰蝶
2. 銀帶三尾小灰蝶幼蟲

【中名】銀帶三尾小灰蝶（三尾灰蝶）

【學名】*Catapaecilma major*

【特徵】底褐色夾雜銀色、褐色及黑色雜帶紋，有三根尾突。

【棲地】分布於蘭嶼、臺灣本島低海拔山區，多棲息在常綠闊葉林及海岸林。

【活動月分】一年多世代蝶種。

單點藍灰蝶
Famegana alsulus taiwana

單點藍灰蝶過去曾在彰化採集到一批標本，後來就不見了，推測牠在臺灣應已絕種。

牠們是平地蝴蝶，幼蟲可能的寄主植物是排錢草，這是一種中藥，可能因為排錢草大量被採摘，或者棲息地是平地被大量開發而消失。就像臺灣燕小灰蝶也是平地蝴蝶，因棲地開發而消失，直到近年才又現蹤。希望有一天牠也能被人們在臺灣的某一個角落被發現。

單點藍灰蝶和平地常見的沖繩小灰蝶長得有點像，所以每次看到牠出現時，追蝶人也是一直找，希望有一天能找到一個點的單點藍灰蝶。

這種蝴蝶雖然在臺灣絕種了，但在香港還很多，牠們又叫作琺灰蝶，因為牠的翅膀光澤很像塗了琺瑯釉的感覺。

單點藍灰蝶標本

【中名】單點藍灰蝶（黑星姬小灰蝶/琺灰蝶）

【學名】*Famegana alsulus taiwana*

【特徵】軀體背側暗褐色，腹側白色。翅腹面僅在肛角處有一黑點。

【棲地】僅於臺灣本島員林及離島蘭嶼曾有紀錄。臺灣以外見於華南、中南半島、東南
　　　　亞、新幾內亞、澳洲、大洋洲西部島嶼等地區。

【活動月分】未知。

棋石小灰蝶

Taraka hamada thalaba

棋石小灰蝶外觀白翅黑點，黑白相間像是五子棋的棋盤石。牠們飛行時很優雅，卻是肉食性蝴蝶，全部生活史都在利用螞蟻，幼蟲吃「螞蟻的乳牛」介殼蟲，成蟲繼續吸介殼蟲的蜜露，幼蟲身上很多刺，螞蟻無法攻擊牠們。

棋石小灰蝶在臺灣以外的地區數量很多，而且很常見，在日本、大陸牠們就像是「公園裡的蝴蝶」；但牠們在臺灣量很少，屬於低密度分布，幾乎看不到。常常聽人家說哪邊有，但是我曾經找了近十年都沒有找到牠的蹤影。

不過，棋石小灰蝶在臺灣有一特別現象，有時候量很少，有時候又因為不明原因全臺大爆發，到處都是，大約十年前就曾經大爆發過。所以牠的族群數量在臺灣有點像變形蟲，環境適合就會大爆發，然後又會減少。

【中名】棋石小灰蝶

【學名】*Taraka hamada thalaba*

【特徵】翅腹面布滿黑色條狀斑紋。

【棲地】分布於臺灣低海拔山區。

【活動月分】一年多世代蝶種。

...

牠們的灰色印刷不出來，

有點像是蝴蝶中的灰色地帶，

也讓我們深思人生很多事情不是只有黑跟白，

有時候人生大部分處於灰色地帶。

...

琉璃小灰蝶群聚吸水

琉璃小灰蝶

Celastrina argiolus caphis

琉璃小灰蝶中有些種類的翅膀斑點變異很大，雖然是同一種類，但斑點分布不一樣，所以無法用斑紋辨識（不像有些蝴蝶種類多一個或少一個斑，就是不同的種類）。當你抓到一隻琉璃小灰蝶，你要先決定用什麼標準來看牠，是變異？或是截然不同的種類？這就是一種灰色地帶，也是研究蝴蝶的樂趣。很多事情如果沒有灰色地帶，可能也就沒有了樂趣。

研究蝴蝶有時得用「氣質分類法」，亦即用第一眼看牠的氣質來分辨。有些琉璃小灰蝶翅膀比較圓或比較尖，有尾突或沒有尾突，這些都是比較容易分辨的，但有時蝴蝶的尾突斷掉了，為什麼還是分得出來是什麼種類，就是因為氣質不同。表面上雖說是「氣質分類法」，實際上還是有原因的，例如有些小灰蝶是灰色但上面有黑色鱗片，巨觀來看就是一隻看起來髒髒的，另一隻是乾淨的，但微觀來看就真的不一樣。

當你說你在找琉璃小灰蝶，常會讓人誤以為你是在找所有的琉璃小灰蝶，所以做學術研究的人會背蝴蝶的學名來解決俗名重複的問題。

我第一次找到牠是在谷關。很多蝴蝶是你還沒找到牠時認不出來，等到你找到牠時，你就會知道：「原來這隻蝴蝶就是長這樣」。在沒有找到琉璃小灰蝶之前，會一直去養琉璃小灰蝶類的幼蟲，希望有一天能養出一隻。由於琉璃小灰蝶會與其他小灰蝶混在一起，養了一百隻，可能只有一隻是琉璃小灰蝶。

【中名】琉璃小灰蝶（琉灰蝶）

【學名】*Celastrina argiolus caphis*

【特徵】腹面斑紋細小，前翅腹面縱帶不分段。雄蝶淺藍紫色，前翅背面前緣翅端處黑帶寬；雌蝶背面前翅黑帶較寬。

【棲地】分布於臺灣中海拔山區。

【活動月分】除冬天外，全年可見。

【中名】寬邊琉璃小灰蝶（寬邊琉灰蝶／玫灰蝶）

【學名】*Callenya melaena shonen*

【特徵】雄蝶翅背面深藍色，外緣有寬黑帶；雌蝶翅背面黑褐色，前翅中央有白色區域。

【棲地】分布於臺灣中、東部低海拔山區。

【活動月分】多世代蝶種；除冬季之外全年可見成蟲及各蟲期。

【中名】杉谷琉璃小灰蝶（杉谷琉灰蝶）

【學名】*Celastrina sugitanii Shirôzui*

【特徵】雄蝶藍紫色，前翅背面黑帶近翅端處較寬；雌蝶背面前翅黑帶寬，白色區域擴散。

【棲地】分布於臺灣海拔500-1,500公尺的山區。

【活動月分】一年一世代蝶種；出現在2-4月間，屬早春的蝶種。

臺灣姬小灰蝶

Freyeria putli formosanus

迷你灰蝶類有好多種，像是臺灣姬小灰蝶、迷你小灰蝶、沖繩小
灰蝶等，他們是世界上最小的蝴蝶，比一片小指甲還小。

我第一次尋找臺灣姬小灰蝶時，是一個朋友帶我去的。當我們到
了一個地方，他告訴我說「這裡就是臺灣姬小灰蝶的棲息地」，
我看了老半天，滿臉納悶地回答他說：「沒有蝴蝶啊！」

原來臺灣姬小灰蝶太小了，體型不到一公分，一開始完全看不到；
但等我蹲下來與地面平行的時候，才發現整個草地上都是，因為
牠是褐色，不太容易看清楚。牠雖然很小，卻有著一排鑲鑽般的
假眼，花紋很美也很精緻，可說是「麻雀雖小，五臟俱全」。

而迷你小灰蝶雖然是最小的蝴蝶之一，卻也是小灰蝶裡分布最廣
的，在亞、澳、美、非洲熱帶地區可見，以一些小花為食。牠有
一個特色是喜歡搖後翅，看起來像是在搖屁股，但牠們並沒有眼
斑。為什麼牠們喜歡做出類似搖屁股的行為？這個尚不知道。大
自然中有很多我們以為無意義的行為，人們試著去瞭解時卻又找
不到答案。事實上，答案或許很簡單，只是我們想太多了。

【中名】臺灣姬小灰蝶（東方晶灰蝶／普福來灰蝶／三玄點小灰蝶）

【學名】*Freyeria putli formosanus*

【特徵】後翅腹面外緣有四至五個大型眼紋。

【棲地】分布於臺灣海拔 500 公尺以下的開闊河谷、荒地，甚至公園、住家草坪上。

【活動月分】一年多世代蝶種；全年可見。

【中名】迷你小灰蝶（迷你藍灰蝶 / 長腹灰蝶 / 爵床灰蝶）

【學名】*Zizula hylax*

【特徵】前翅腹面前緣中段處有兩點，雄蝶翅背面有寬黑邊。

【棲地】分布於臺灣南部平地至低山丘陵，西部北界約在新竹、苗栗一帶，已知的東部
　　　　北界在臺東附近。

【活動月分】一年多世代蝶種；全年可見。

【中名】沖繩小灰蝶（藍灰蝶/酢漿灰蝶）

【學名】*Zizeeria maha okinawana*

【特徵】翅腹面外側與中央斑列色調一致。雄蝶翅背面淺藍色調，有寬黑邊；雌蝶僅在
　　　　近翅基處有藍鱗。

【棲地】見於森林林緣、草地、海岸、農田、荒地等開闊環境。

【活動月分】一年多世代蝶種。

臺灣燕小灰蝶

Everes lacturnus rileyi

臺灣研究蝴蝶的人有一個聖地是南投埔里的南山溪,全臺近四百種蝴蝶中,南山溪就有約三百種,所以是研究蝴蝶的人必訪之地。我大學去南山溪抓蝴蝶時經過南山溪的夢谷,常常可見到臺灣燕小灰蝶,那時的數量還很多,許多小小藍藍灰灰的蝴蝶在我身邊飛繞,我的心情就跟第一次看到紫斑蝶谷時的心情很像,真的覺得沒有什麼;當時一心追求稀有蝴蝶的我,只想先去更深的山區尋找稀少或新種蝴蝶,因此一點也不會想為牠停駐腳步,等到後來想找牠時,才發現牠已經消失了。

臺灣燕小灰蝶也是平地的蝴蝶,隨著經濟發展,牠們的棲地可能被人們蓋了房子或被外來物種占據,導致在臺灣絕跡約三十年,近年才在高雄月世界重新現蹤,原來這些沒有生物願意前去棲息的地方,是牠們最後的喘息空間。

不過我一直覺得,臺灣燕小灰蝶是最愛臺灣的蝴蝶,因為即使退到環境最惡劣的地方,牠也要留在臺灣。相形之下,紫斑蝶雖然「很臺」,但牠們反而是最可能會「棄臺」的,哪天當臺灣環境變差,牠就會離開臺灣,飛到日本或其他較好的環境生存。紫斑蝶會用「消失」來提出警訊,告訴人們臺灣環境變差了,但「你

們就留在臺灣吧！我要先離開了，看你們怎麼做，我再決定要不
要再回來臺灣」。

或許我們跟蝴蝶一樣，不需要誰來告訴我們如何愛臺灣！

【中名】臺灣燕小灰蝶
【學名】*Everes lacturnus rileyi*
【特徵】翅腹面除後翅前緣及近翅基處點黑外，其餘呈淺褐色，尾突位於眼紋下側。
【棲地】分布於臺灣平地及低海拔山區，蘭嶼也曾有過紀錄。

臺灣小灰蛺蝶

Dodona eugenes formosana

在蝴蝶分類裡有一個特別的類群，叫作小灰蛺蝶科，全世界有一千四百多種，是屬於熱帶的蝴蝶，大部分都分布於中南美洲。小灰蛺蝶又被叫作蜆蝶，原因在於牠們停棲時會半開翅膀，並不停的伴隨著一開一闔的行為，就像蜆貝一樣。其中在臺灣的就包含兩種：有阿里山小灰蛺蝶，體型最大也最豔麗；另外是臺灣小灰蛺蝶，分為北部和中南部兩個亞種，型態非常相似，但體型卻有些差異。

臺灣小灰蛺蝶區域分化明顯，被區分為北部亞種（體型比較大）以及中南部亞種（體型比較小），主要是因為臺灣雪山山脈和中央山脈是不同山系，因此蝴蝶也被區隔開來。臺灣雖然是小島，但也有地理上的微地形障礙。

阿里山小灰蛺蝶和臺灣小灰蛺蝶的體型像小灰蝶，特徵像蛺蝶，具小灰蝶的大小，長相卻像蛺蝶。他們有特殊的魚尾狀尾突，和一般小灰蝶不同；小灰蛺蝶的飛行方式、花紋也和小灰蝶不同。

1
―
2

1. 臺灣小灰蛺蝶中部亞種
2. 臺灣小灰蛺蝶北部亞種

【中名】臺灣小灰蛺蝶（銀紋尾蜆蝶/臺灣小灰蛺蝶）

【學名】*Dodona eugenes formosana*

【特徵】後翅前緣與外緣交接處兩個黑紋的白邊不相連，魚尾狀尾突。

【棲地】北部亞種分布於臺灣北部海拔200-2,000公尺左右的山區，中南部亞種則分布
　　　　於臺灣海拔500-2,500公尺山區。

【活動月分】一年至少有兩代；成蝶見於4-8月。

輕盈纖細有如少女

粉蝶

PIERIDAE

粉蝶翅膀的顏色十分淡雅，以白、黃色為主，摻雜些許的
黑、紅、橙色斑紋，而且鱗片猶如粉末容易脫落，因此取
名為「粉蝶」。英文的俗名亦把這類蝴蝶稱為「White」、
「Yellow」。

粉蝶顏色粉嫩多彩，有點像少女或小家碧玉，外表看起來
柔弱，卻具有超人般的遷徙力，可以飛越海洋，英名為「遷
粉蝶」的淡黃蝶，甚至可以遷徙幾千公里，飛越整個非洲。

淡黃蝶

Catopsilia pomona

知名的高雄美濃黃蝶翠谷指的就是淡黃蝶，牠也是全世界分布最廣的蝴蝶之一。淡黃蝶雄蝶是水青色，雌蝶是黃色帶褐色；有強烈的吸泥水行為，溪邊可見吸水的蝴蝶都是雄蝶。只有紫斑蝶是少數為了越冬，雄蝶和雌蝶都會吸水的蝴蝶。

淡黃蝶的數量很多，主要是因為一次世界大戰時，日本為了戰爭要做槍柄，在美濃種植了非常多的鐵刀木，使得淡黃蝶的幼蟲得以大量擴張族群，1960、1970 年代時，淡黃蝶的幼蟲甚至把整片鐵刀木的樹林都吃光，當時估計有幾百萬隻，塞滿了美濃的黃蝶翠谷。

淡黃蝶是屬於爆發型的蝴蝶，某些年分會特別多。牠的遷移能力強，又叫作遷粉蝶。一般人只對非洲動物遷移印象深刻，遷粉蝶因為是在空中遷移，時間也不固定，所以未引起人們的重視。

【中名】淡黃蝶（遷粉蝶／銀紋淡黃蝶／無紋淡黃蝶／鐵刀木粉蝶）

【學名】*Catopsilia pomona*

【特徵】雄蝶翅底黃白色，帶有青綠色光澤，近翅基處散布黃色鱗片；雌蝶多型性，分
為基本型及銀紋型。

【棲地】分布於臺灣平地至低海拔山區。

【活動月分】一年多世代蝶種；全年可見。

想飛就去飛
不管什麼事　都要先嘗試看看
才會知道　喜不喜歡　成不成功

當你完全投入去做時
就會散發出耀眼的光芒

相信自己
你在哪　光就在哪

一生一次的相遇 04／淡黃蝶

截脈絹粉蝶

Aporia gigantea cheni

截脈絹粉蝶因為前翅有脈紋被截斷，而有了這個中文名稱。牠只在每年 4-5 月左右出現。

截脈絹粉蝶分布在屏東小鬼湖及南橫山區，這裡是臺灣最後的祕境，近年來陸續在這邊發現了不少新種或稀有蝴蝶。2000 年左右在小鬼湖附近發現截脈絹粉蝶，更被譽為是臺灣最後一個大型新種蝴蝶。臺灣原有兩種外觀類似深山粉蝶和高山粉蝶，截脈絹粉蝶被發現時，因為牠的眼睛是紅色的，這才確認是一個新種。

不過，早在截脈絹粉蝶被發現前十年左右，有位蝶友就曾在他的書上刊登過一張截脈絹粉蝶的照片，可惜當時那本書的發行量不多很少人看過，錯過了發現新種的機會。

【中名】截脈絹粉蝶（巨翅絹粉蝶）
【學名】*Aporia gigantea cheni*
【特徵】眼睛紅色，後翅基部有黃點。
【棲地】分布於臺灣中海拔山區。
【活動月分】一年一世代蝶種；成蝶4-5月出現。

截脈絹粉蝶標本

深山粉蝶雄蝶對白色物體有強烈的趨性。

【中名】深山粉蝶（白絹粉蝶/酪色絹粉蝶）
【學名】*Aporia potanini insularis*
【特徵】底白色，上有黑色翅脈，後翅腹面翅基部有橙黃色斑紋。
【棲地】分布於臺灣中、高海拔山區。
【活動月分】一年一世代蝶種；成蟲5-7月出現。

高山粉蝶

【中名】高山粉蝶（流星絹粉蝶／完善絹粉蝶／明昌深山粉蝶）

【學名】*Aporia agathon moltrechti*

【特徵】雌雄色彩相似，惟雌蝶底色及斑紋均色調較淺；翅背底黑褐色，前翅自翅基伸出兩條白長斑。

【棲地】分布於臺灣海拔 1,500-3,000 公尺左右之山區。

【活動月分】一年一世代蝶種；成蝶主要出現於 5-8 月，冬季時以幼蟲態休眠越冬。

截脈絹粉蝶複眼紅色，後翅腹面翅基有一橙黃色斑紋。

截脈絹粉蝶的卵

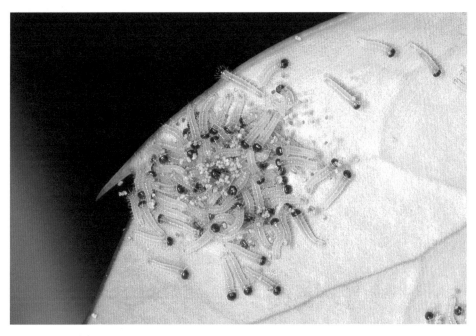

截脈絹粉蝶的幼蟲

尖翅粉蝶

Appias albina semperi

尖翅粉蝶是一種南北分布的蝴蝶，在墾丁和東北角都可看到。過去尖翅粉蝶曾被認為是被颱風從菲律賓吹到臺灣的迷蝶。

後來才知道，牠的分布與黑潮有關。黑潮將各種海漂植物帶到日本沖繩群島、臺灣東北角、墾丁以及菲律賓，吃這些食物的蝴蝶因此跟著分布到這些地方。尖翅粉蝶以前數量很少，幼蟲寄主植物是鐵色，自從它們變成園藝植物後，現在尖翅粉蝶也變多了。

【中名】尖翅粉蝶（尖粉蝶/白翅尖粉蝶）

【學名】*Appias albina semperi*

【特徵】雄蝶翅端甚尖，翅背面近乎純白，無斑紋；雌蝶多型性，有白黃二型，前翅背面端部有四個白斑。

【棲地】普遍分布於低海拔山區，北部以海岸較常見，南部相當普遍。

【活動月分】一年多世代蝶種；全年可見成蝶及各蟲期。

尖翅粉蝶

紋黃粉蝶
Colias erate formosana

紋黃粉蝶外表看起來是很日本、很歐洲的溫帶蝴蝶，以前在清境可以說是最普通、最常見的蝴蝶，如今已看不見牠的蹤影，只剩下南橫和新中橫還有。

秋冬季節有時會現身在臺北盆地周遭和東北角一帶，但出現時間不固定，有沒有可能是跟著東北季風從日本飛來？

二、三十年前，我曾在清境農場的路邊隨手拍下了紋黃粉蝶正在吸食小薊的畫面，但這樣的景象在清境農場有了很多民宿後，已成為臺灣消失的美景。

如果在開發時能夠意識到這些小生命的重要，能夠做個蝴蝶花園，就可以兼顧保育和開發。臺灣是蝴蝶王國，很多外國人士來臺灣看到自己家鄉的蝴蝶都很有感觸，因為他們國家的蝴蝶已經不多了，特別是看到他們國家快絕種的蝴蝶，相信對外國人會很有吸引力，這也是所謂的「最在地，最國際」的真諦。

紋黃粉蝶雄蝶前翅面橙黃色，後翅黃色；雌蝶前後翅面都是米白色。

【中名】紋黃粉蝶（斑緣豆粉蝶/紋黃蝶/紋黃粉蝶）

【學名】*Colias erate formosana*

【特徵】觸角、足及緣毛帶紅色調，後翅背面中央有一橘黃色點，腹面相對位置有亮色圈紋。

【棲地】分為臺灣高山及平地族群。秋季在北海岸有時會出現。

【活動月分】一年多世代蝶種；除冬季低溫外，全年可見成蝶及幼蟲。

紅紋粉蝶

Delias hyparete luzonensis

紅紋粉蝶常見於早期蝴蝶圖鑑中，且有的拍攝地點就在臺北市，但我卻一直都找不到。直到有一年冬天，我在茂林附近一棵聖誕紅樹上看到牠，牠的斑紋和聖誕紅搭配在一起，畫面實在太美了。或許在過去，紅紋粉蝶是一種廣布在平地的蝶種，因此在早期很容易拍到照片，後來平地密集開發，牠們因此而消失，反觀南部地區因為開發較少而被留下來。

另有一種紅肩粉蝶跟紅紋粉蝶很像，但牠的花紋卻完全相反。紅肩粉蝶的紅色是在肩部，像是圍著一圈紅圍巾，紅紋粉蝶的紅色則是在翅膀末端。

紅紋粉蝶在中國叫作優越斑粉蝶，因為牠的學名 *Hyparete* 意思就是優越。中國的命名常和臺灣不太一樣，例如大陸有大紫蛺蝶和黑紫蛺蝶，雜交產生又黑又紫的蛺蝶，大陸就把牠命名為最美紫蛺蝶。

紅紋粉蝶，後翅腹面有紅色斑點排列。

【中名】紅紋粉蝶（白豔粉蝶/優越斑粉蝶）

【學名】*Delias hyparete luzonensis*

【特徵】後翅外緣黑帶內鑲一排紅斑。

【棲地】分布於臺灣低海拔山區，以中、南部較多見。

【活動月分】全年可見。

紅肩粉蝶的幼蟲

【中名】紅肩粉蝶（豔粉蝶／報喜斑粉蝶）

【學名】Delias pasithoe curasena

【特徵】雌雄蝶後翅腹面都有鮮明紅斑，其他部分為黃色斑。

【棲地】分布於臺灣低、中海拔山區。

【活動月分】成蟲全年可見。

臺灣紋白蝶
Pieris canidia

臺灣紋白蝶翅膀白色，邊緣有黑點，小時候很多人都曾經把蝴蝶夾在書本裡，通常就是這種臺灣紋白蝶。

這一張臺灣紋白蝶，是我高中時買了人生第一台 Nikon FM2 相機，在三重老家附近拍到的，也是我人生拍的第一張蝴蝶照片。

和日本紋白蝶一樣，這兩種蝴蝶分布範圍相當廣泛，各地平原至高海拔山區皆可發現其蹤跡。由於日本紋白蝶在 1960 年之前的採集紀錄相當少，之後卻突然數量大增，成為普遍分布的種類，因此一度被認為是人為從日本無意間引進的外來種。但是根據近年分子生物學的研究顯示，日本紋白蝶在臺灣的族群和中國大陸的族群關係反而是較接近的，且根據其早在二十世紀初期便有相當多的採集紀錄，可知其應非外來種。

不過對於日本紋白蝶在 1960 年代族群大爆發的原因至今仍無定論，較為大家所接受的假說是：平地森林的砍伐及農業的拓展提供了許多開闊的平原棲地，使得偏好開闊環境的日本紋白蝶，得以大量繁殖。相形之下，偏好鬱閉林緣棲地的臺灣紋白蝶，其族群因此往山地退縮。

【中名】臺灣紋白蝶（緣點白粉蝶／東方菜粉蝶／多點菜粉蝶）

【學名】*Pieris canidia*

【特徵】後翅外緣有一列黑斑。

【棲地】廣泛分布於臺灣平地至高海拔山區。

【活動月分】全年可見。

【中名】日本紋白蝶（白粉蝶／菜粉蝶）

【學名】*Pieris rapae crucivora*

【特徵】後翅外緣沒有黑斑，前翅中段處有兩個大黑斑。

【棲地】分布於臺灣範圍極廣，從平地至高海拔山區均可
見，以平地所見數量居多。

【活動月分】全年可見。

黑道中的小鋼砲

弄蝶

HESPERIA COMMA

/

弄蝶是蝴蝶中的小鋼砲，因為頭部很大，又叫大頭仔，我覺得牠也很像蝴蝶中的黑道分子。有人認為弄蝶介於蝶與蛾之間；但事實上，蝴蝶是屬於蛾的一部分，屬於鱗翅目昆蟲，蝴蝶只是其中一個類群。

蝴蝶像是白天美麗的舞姬，蛾則是夜晚的妖姬。由於人是晝行性動物，具白天的視覺系統，蝴蝶又屬於白天的顏色，因此人們覺得牠們鮮豔漂亮；相形之下，蛾是月亮的顏色，是夜行性動物才能看懂的顏色，或許對蛾來說，蝴蝶其實很醜。

褐翅綠弄蝶

Choaspes xanthopogon chrysopterus

弄蝶的最大特徵是牠的觸角末端是鉤狀，有點像虎克船長的鉤鉤。綠弄蝶屬在成蝶外型上幾乎一樣，只能靠解剖生殖器才分得出來，但幼蟲型態卻變化多端。褐翅綠弄蝶和大綠弄蝶幼蟲就長得完全不同，褐翅綠弄蝶是圓斑狀，大綠弄蝶則是條狀。

以前很少有人看過野外的褐翅綠弄蝶，有一次我在採集蝴蝶時遇到下雨，發現褐翅綠弄蝶大量出現，才證實成蝶活動時間偏好在天色陰暗時，特別是飄雨的陰天才會出來活動。

香蕉弄蝶也是另一類晨昏甚至夜行性的弄蝶，白天通常看不到牠的蹤跡。牠有紅色的眼睛，會把香蕉葉捲成像雪茄狀，幼蟲就住在雪茄狀的葉子裡。

【中名】褐翅綠弄蝶（黃毛綠弄蝶／擬綠弄蝶／清風藤綠弄蝶）

【學名】*Choaspes xanthopogon chrysopterus*

【特徵】翅背面黑褐色，腹面雌雄皆為綠色，翅脈為黑色，後翅肛角有一塊明顯紅斑。

【棲地】分布於臺灣北部至南部的中海拔山區。

【活動月分】一年多世代蝶種。

【中名】大綠弄蝶（綠弄蝶）

【學名】*Choaspes benjaminii formosanus*

【特徵】雄蝶翅膀表面褐綠色，翅腹面具金屬光澤；雌蝶後翅基半部具青綠色鱗毛。

【棲地】分布於臺灣低、中海拔山區，南部較少見。

【成蟲活動月份】一年多世代蝶種。

弄蝶幼蟲會將一部分葉子摺為蟲巢，棲息其中。

（左）褐翅綠弄蝶，（右）大綠弄蝶。

臺灣窗弄蝶
Coladenia pinsbukana

臺灣窗弄蝶，1970 年代被臺灣知名昆蟲專家余清金先生在南投山區找到後，從此再也沒有人看過，但近年居然神奇地出現在北橫公路一個毫不起眼的山凹處。北橫公路邊是每位追蝶人都曾經走過成千上萬遍的地方，我自己應該走過幾千遍，以前卻從來沒有看過牠。

臺灣窗弄蝶和大黑星弄蝶都是屬於花弄蝶亞科，牠們可以說是遠房親戚。大黑星弄蝶與臺灣窗弄蝶長得很像，但因為大黑星弄蝶是臺灣特有種，數量很多，是一種常被大家忽視的蝴蝶，但牠其實是研究弄蝶的外國人士來臺灣最想看的弄蝶之一。

大黑星弄蝶喜歡至濕地吸水，外表看起來其貌不揚，是弄蝶中少數後翅有黑色斑紋，因此名曰黑星。或許人類不懂這樣的美學，但我認為大黑星弄蝶應該覺得自己很漂亮，是「蝴蝶中的黑道美學」。

【中名】臺灣窗弄蝶（黃後翅弄蝶 / 黃裙弄蝶）

【學名】*Coladenia pinsbukana*

【特徵】翅面底深褐色。前翅中室端有一半透明白斑，其前方有兩枚同色小紋。

【棲地】分布於臺灣中、低海拔山區，棲息於常綠闊葉森林。

【活動月分】一年一世代蝶種。

【中名】大黑星弄蝶（臺灣瑟弄蝶）

【學名】*Seseria formosana*

【特徵】後翅中央有一列排成弧形的暗紋；前翅中央有不規則排列的白斑，其中以中央
　　　　處最大。

【棲地】分布於臺灣低、中海拔山區。

【活動月分】一年多世代蝶種；春至秋季可見。

一生一次的相遇

/

蝴蝶是美好事物的象徵，更是土地宜居的重要指標。

蝴蝶谷的現象即將消失，而牠的命運掌握在人類手裡，

只要我們願意與蝴蝶共存，牠們就能保存下來。

為什麼你停滯不前
為什麼你不想改變
為什麼你還是那個你
勇敢踏出舒適圈
看見更耀眼的自己

一生一次的相遇 05 ／青斑蝶

穿花蛺蝶深深見
點水鳳蝶款款飛
交配中的寬尾鳳蝶
不停舞動翅膀　拍打水面
春天真的來了吧　我想

懂得欣賞就是一種美
欣賞別人　讓自己可以用心去觀察
欣賞自己　給自己更多的自信
欣賞是一種幸福
你看！我美嗎

你平日很忙
想見你一面真不簡單
偶爾我們還是通通電話
刷一下彼此存在感　好嗎

讓我為你加油
人生路很長　你可以選擇開心走
就算逆著光　你還是可以感覺自己的存在
千萬不要被小事困住了自己

但是這次
我彩球是不是拿太大了……

沒事多喝水
多喝水沒事
這是真的

疫情教我的事
排毒！排毒！一起來排毒

凡走過必留下痕跡……
我決定把自己練到最完美
這樣留下的痕跡
才對得起我們一生一次的相遇
Hello Stranger ……

好久沒群聚了
即使我們只會擁有一個短暫的相遇
但那個歡樂時光永遠回味不完

珍惜每一刻的群聚
不管多少個春夏秋冬
我們是永遠的蝶友

一生一次的相遇 12 ／小紋青斑蝶

自由是不依附　獨立　不恐懼
與遠方的壯麗風景相比
我們每天體驗到的
才是值得紀念的重要小事

全臺十大賞蝶景點

臺灣擁有蝴蝶王國美譽，蝴蝶種類近四百種。接下來介紹全臺十大賞蝶景點，讓我們一起追蝶去！

基隆
大白斑蝶

桃園市
大紫蛺蝶
巴陵

臺北市
大青斑蝶
大屯山

新竹
淡青雀斑
小灰蝶

新北市
夸父綠小灰蝶
插天山

苗栗
斯氏紫斑蝶

臺中市
馬拉巴綠蛺蝶
谷關

新北市
木生鳳蝶
烏來

彰化
黃裳鳳蝶

南投縣
紋黃粉蝶
清境農場

雲林 小紫斑蝶

花蓮
閃電蝶

澎湖
沖繩小灰蝶

嘉義 阿里山小灰蛺蝶

宜蘭縣
寬尾鳳蝶
明池森林遊樂區

台南
臺灣燕小灰蝶

臺東縣
小紋青斑蝶
大武

高雄市
端紫斑蝶
茂林

綠島
綠島大白斑蝶

屏東縣
玉帶鳳蝶
墾丁

蘭嶼
珠光鳳蝶

大青斑蝶

地點：臺北市大屯山

賞蝶月份：5-7月

大屯山是臺灣北方最後一座一千公尺以上的山，終年承受著來自四面八方的季風吹襲，使得這裡經常是雲霧繚繞伸手不見五指，因此孕育出由箭竹和芒草一起組成的特殊草原景觀。每年夏天這片草原上就會長出一大片的島田氏澤蘭，吸引成千上萬的大青斑蝶來到山頂群聚訪花的蝴蝶谷景觀。但由於近年來植被演替的作用下，這張照片所拍攝的地點已經看不到大量的島田氏澤蘭開花的畫面。

許多蝴蝶在求偶期間會出現特殊的登峰行為，雄蝶為了搶奪配偶，會一大清早就飛到大屯山頂搶地盤，雄蝶會站在岩石或樹梢上注意通過的蝴蝶，如果是雌蝶就會展開求偶行為，但如果有雄蝶經過就會展開驅趕行為。因此在這裡可看到許多平常在森林裡看不到的蝴蝶。

夸父綠小灰蝶

地點：新北市插天山

賞蝶月份：5-6月

本區存在著亞熱帶地區罕見的溫帶落葉純林。臺灣山毛櫸屬於冰河孑遺植物，隨著全球暖化的腳步逐漸地逼近，未來可能成為臺灣即將消失的美景。日據時代人們便已經知道這片森林，卻一直沒人想過這裡可能存在著一種只以它為食的綠小灰蝶。直到近年來才有日本人想到，日本有一種只吃山毛櫸的富士綠小灰蝶，推測或許在臺灣也有牠的姐妹種，於是展開追蝶行動。最後才由臺灣的蝴蝶學家徐堉峰證實牠的存在，後續並由臺灣的蝴蝶研究者發表了其幼生期生態。

本區代表性蝶種有：拉拉山三尾小灰蝶、清金綠小灰蝶、臺灣單帶小灰蝶。

木生鳳蝶

地點：新北市烏來

賞蝶月份：4-9月

如今是熱門旅遊景點的烏來風景區，在日據時代是個人們口中的生人禁地。再加上本區域很早就被劃設為保護區，因此保留了珍貴的原始森林。

本區及鄰近地區的蝶種極為豐富，匯集了臺灣將近三分之二的蝶種，其中最具代表性的就是森林裡孕蘊了青帶鳳蝶家族的五大成員：青帶鳳蝶，青斑鳳蝶，寬青帶鳳蝶，升天鳳蝶及木生鳳蝶，群聚在溪邊大量吸水形成的蝶道型蝴蝶谷。

本區代表性蝶種有：泰雅綠小灰蝶、木生鳳蝶、黃領蛺蝶。

大紫蛺蝶

地點：桃園市巴陵

賞蝶月份：5-7月

相較於北橫公路東段明池地區終年雲霧繚繞的霧林帶氣候，北橫公路西段的巴陵地區氣候則相當乾燥，而孕育出溫帶落葉森林，稱為岩生型植被。因此這裡也有許多北方溫帶的蝶種，其中有被日本指定為天然紀念物的日本國蝶大紫蛺蝶，同時也是臺灣體型最大的蛺蝶。這張照片拍攝的畫面就在大曼橋旁的一棵大樹上，如今這棵樹已經倒塌，且四周被倒了大量的垃圾……

本區及鄰近的拉拉山地區，代表性蝶種不乏和日本及中國北方近似的蝶種：臺灣梣的寶島小灰蝶、青剛櫟的紅小灰蝶、呂宋莢迷的拉拉山三線蝶、大花灰木的拉拉山三尾小灰蝶……另外近年重新被發現的臺灣窗弄蝶，也是在鄰近本區的榮華大壩附近被發現。

馬拉巴綠蛺蝶

地點：臺中市谷關

賞蝶月份：5-7月

921大地震將中橫公路震碎，使得中橫公路從此消失在世人眼前。由於本區介於雪山山脈和中央山脈這兩大山脈之間，因此孕育了許多特殊的蝶種。其中最有名的莫過於馬拉巴綠蛺蝶，他是由臺灣知名的蝴蝶學家陳維壽在南投仁愛第一次發現，但在這之後人們再也找不到這隻蝴蝶，直到四十年後才由日本的蝴蝶學家內田春男再度在臺中谷關地區的石山溪找到。本區除了馬拉巴綠蛺蝶，還有另一種過去在中橫德基水庫一帶數量相當多的黃鳳蝶，也隨著921地震一起消失在世人的眼前。

本區及鄰近地區代表性蝶種有：江崎三線蝶、楚南三線蝶、阿里山褐蔭蝶、閃電蝶、琉璃小灰蝶、白蛺蝶、國姓小紫蛺蝶。

紋黃粉蝶

地點：南投縣清境農場

賞蝶月份：5-10月

清境農場海拔約1,750公尺，屬於中海拔山區，這裡同時也是臺灣地理位置上的中心地帶。早期這裡是臺灣少數可以深入中央山脈的地區，因此也成為蝴蝶研究者的天堂，許多蝴蝶第一次被發現都是在這個區域。但也因此，這裡開發的相當早，種植高山茶及高山蔬菜等農業活動使得原始森林被砍伐殆盡，加上近年來蓋了大量的民宿，讓許多蝶種因此瀕臨滅絕。紋黃粉蝶為臺灣高山上代表性的溫帶蝶種，在許多溫帶國家都是平地花園常見的蝴蝶。過去紋黃粉蝶在清境農場相當常見，沒想到我當年隨手拍下的這張照片竟成為遺照，如今該區域已經多年未見這隻蝴蝶了。

本區及鄰近地區代表性蝶種有：合歡山的永澤蛇目蝶、屯原的折線灰蝶、梅峰的淡青雀斑小灰蝶、新人崗的玉山綠小灰蝶。

端紫斑蝶

地點：高雄市茂林區

賞蝶月份：12-2月紫斑蝶，4-6月其他蝶種。

地處北回歸線以南的茂林地區位於熱帶地區，但由於北面高山的屏障阻擋了東北季風，使得本區冬季相當溫暖而成為紫斑蝶理想的越冬地點。茂林生態公園是本區最容易看到紫斑蝶越冬集團的地點，每年冬末春初時刻，紫斑蝶離開前就會上演集體求偶的畫面，交配中的紫斑蝶就像照片中那樣由雄蝶帶領雌蝶舉行浪漫的空中婚禮。

此外，由於茂林最高峰出雲山海拔高達2,772公尺，加上所屬的出雲山保護區內大多數區域仍無詳細的蝶類資源調查，因此這裡可說是臺灣蝶類最後的祕境。

近年來在這個區域陸續發現了許多新種蝴蝶：小鬼湖及南橫禮觀地區的截脈絹粉蝶、屏東霧台的錦平折線灰蝶、高雄扇平及多納林道的文龍波眼蝶。

玉帶鳳蝶

地點：屏東縣墾丁

賞蝶月份：全年

位於國境之南的墾丁地區，特殊的地理位置形成獨特的高位珊瑚礁熱帶季風林，加上黑潮帶來各種來自菲律賓等熱帶地區的海漂植物，以及每年季風及颱風夾帶了各種來自熱帶地區的迷蝶，使得這裡的蝴蝶種類有別於臺灣其他地區，充滿了熱帶風情。

本區所屬恆春半島代表性蝶種有：玉帶鳳蝶、大白斑蝶、白紋黑小灰蝶、黃裳鳳蝶、迷你小灰蝶、黑脈粉蝶。

寬尾鳳蝶

地點：宜蘭縣明池森林遊樂區

賞蝶月份：4-7月

地處中海拔山區霧林帶的明池，最為人所知就是巨大的檜木林。但就在這些高聳入天的森林樹冠層上，也棲息著許多稀有的蝶種。這裡的蝴蝶大多是一年一世代的蝶種，加上他們發生的月分大多只有短短一個月左右的時間，因此要在這裡看到蝴蝶是相當不容易的。這張照片是在明池一座隱蔽的水潭拍攝，這也是我唯一一次看到寬尾鳳蝶交配的畫面，圖中的寬尾鳳蝶雄蝶因為已經活了很久而褪色了，雌蝶則像是才剛羽化不久，顏色鮮紅。

本區代表性的蝶種主要是一些樹冠層的蝶種：赤皮上的蓬萊綠小灰蝶、長尾栲的伏氏綠小灰蝶、櫻花的西風綠小灰蝶、臺灣檫樹的寬尾鳳蝶。

小紋青斑蝶

地點：臺東縣大武

賞蝶月份：12-2月紫斑蝶；4-7月其他蝶種

由於臺灣越冬蝶谷的主要成員為四種紫斑蝶，因此又被稱為紫蝶幽谷。但事實上紫蝶幽谷的組成分子相當多樣性，其中又以小紋青斑蝶的群聚集團最為引人注目。和紫斑蝶不同的是，小紋青斑蝶會以極高密度的方式形成球狀的群聚集團。小紋青斑蝶的越冬集團主要出現在東部地區，和西部地區以紫斑蝶為主的越冬集團有所差異。其中在台東縣大武加羅板數量可達五十萬隻以上的越冬蝶谷，過去曾是臺灣最大規模的越冬蝶谷，但是近年來的幾個大型的颱風已將這個棲地摧毀殆盡。

本區及鄰近地區代表性蝶種有：雲紋粉蝶、尖翅粉蝶、黑星琉璃小灰蝶。

－ 致謝 －

感謝那些與我有過

一生一次相遇的人與蝴蝶

每次的相遇

其實都可能是最後一次的相遇

珍惜 此刻擁有

愛護 美麗寶島

一起為臺灣紀錄下一個微笑

詹家龍

紀錄片導演

得獎紀錄

2003 「世界級越冬蝴蝶谷『紫蝶幽谷』與原住民之共生保育」榮獲福特保育暨環保獎

2004 「茂林紫斑蝶保育計畫」榮獲「福特環保獎」

2007 推動國道讓蝶道榮獲交通部頒發「金路獎」

2008 以紫蝶保育獲頒日本 JFA 協會創意大賞之「海外賞」

2008 《紫斑蝶》入圍「第三十三屆一般圖書類出版獎最佳科學類圖書獎」

2010 「紫斑蝶生態廊道計畫」榮獲「第七屆 KEEP WALKING 夢想資助計畫」得主

2015 《迷霧森林裡的活寶石》榮獲「第五十屆金鐘獎教育文化節目獎」/ 導演、腳本、攝影

2018 拍攝紫斑蝶生態紀錄影片榮獲「第十四屆 KEEP WALKING 夢想資助計畫」得主

2020 墾管處《微觀墾丁》三部曲，奪下「第一屆臺灣生態環境影展最佳攝影獎」

經歷

2011 天下雜誌「夢想 300」人物專訪

2017 林務局臺灣自然保護區紀錄片《保島》/ 導演

2019 文化部影視局《即將消失的美景》/ 導演

2020 墾丁國家公園《蟲生》/ 導演

2020 《老鷹回來了》/ 導演

2023 《昆蟲黑道》/ 導演

出版

《紫斑蝶》（晨星）

《西拉雅蝴蝶誌》（交通部觀光局）

suncolor 三采文化集團

PopSci 15

追蝶人
詹家龍與臺灣最美 86 隻蝴蝶的故事

作者｜詹家龍

編輯一部 總編輯｜郭玫禎　主編｜鄭雅芳　校對｜詹宜蓁

美術主編｜藍秀婷　封面設計｜李蕙雲　內頁排版｜郭麗瑜

行銷協理｜張育珊　行銷企劃主任｜陳穎姿

發行人｜張輝明　總編輯長｜曾雅青　發行所｜三采文化股份有限公司

地址｜台北市內湖區瑞光路 513 巷 33 號 8 樓

傳訊｜TEL:8797-1234　FAX:8797-1688　網址｜www.suncolor.com.tw

郵政劃撥｜帳號：14319060　戶名：三采文化股份有限公司

本版發行｜2022 年 8 月 12 日　定價｜NT$1200

國家圖書館出版品預行編目資料

追蝶人：詹家龍與臺灣最美 86 隻蝴蝶的故事 /
詹家龍著 . -- 臺北市：三采文化股份有限公司，
2022.08　面；　公分 . -- (PopSci；15)

ISBN 978-957-658-799-3（精裝）

1.CST: 蝴蝶 2.CST: 動物圖鑑 3.CST: 臺灣

387.793025　　　　　　　　111004107

《消失的紫斑蝶》標準字提供：牽猴子股份有限公司